AF542477

DEVIS ET CONDITIONS DES OUVRAGES

DE
- Maçonnerie.
- Charpenterie.
- Couvertures.
- Menuiserie.
- Marbres & Pierres de liais.
- Gros Fer & Serrurerie.
- Vitrerie.
- Plomberie.
- Cuivre-Potin.
- Grosses Peintures.
- Dorures.
- Pavé & autres, &c.

Pour les entretiens, réparations & changemens qu'il conviendra faire dans les Bâtimens, Maisons & Châteaux appartenans au Roy, & leurs dépendances.

FAITS ET DRESSEZ

Par Monsieur DE COTTE Chevalier de S. Michel, Conseiller du Roy, premier Architecte & Intendant General des Bâtimens de Sa Majesté; conformement aux Declarations du Roy du 7. Juin 1708. & 6. Octobre 1716.

SUIVANT LES ORDRES

De Monseigneur le DUC D'ANTIN Pair de France, Lieutenant General des Armées du Roy, Gouverneur & Lieutenant General de l'Orleanois, & de la haute & basse Alsace, &c. Surintendant & Ordonnateur General des Bâtimens, Jardins, Académie des Arts & Manufactures de Sa Majesté, & Conseiller au Conseil de la Regence.

A PARIS,
De l'Imprimerie de JACQUES COLLOMBAT Imprimeur ordinaire du Roy, & des Bâtimens, Académies des Arts & Manufactures de Sa Majesté; ruë S.t Jacques, au Pelican.

M. DCC. XXI.

DEVIS
ET CONDITIONS

Des Ouvrages de Maçonnerie pour les réparations & changemens qu'il conviendra faire dans les Maisons Royales & autres appartenantes au Roy à Paris ; dressé, suivant les Ordres de Monseigneur LE DUC D'ANTIN Pair de France, &c. Surintendant & Ordonnateur general des Bâtimens, Jardins, Arts & Manufactures de Sa Majesté ; par Monsieur DE COTTE, Chevalier de l'Ordre de saint Michel, Conseiller du Roy, premier Architecte & Intendant des Bâtimens de Sa Majesté.

Qualitez des Materiaux qui seront employez ausdites réparations, bâtimens & changemens.

LES Mortiers seront composez d'un tiers de bonne chaux de Melun, & les deux autres tiers de sable de riviere, ou autres de bonne qualité, bien broyez & incorporez ensemble. Mortiers.

Les Moilons seront durs, des Carrieres d'Arcueil, Bagneux, Fauxbourgs Saint Germain, S. Marcel, S. Jacques, ou Vaugirard, ébousinez, essemillez, & posez sur leur lit, en bonnes liaisons, ou sur leur champ, suivant que la qualité de l'ouvrage le requerera. Moilons.

Les Murs en fondations seront élevez entre deux lignes, & non bloquez entre les terres. Murs en fondations.

Les Pierres dures qui s'employeront seront des Carrieres d'Arcueil ou Bagneux, & les Pierres tendres de S. Leu, le tout sans fils Pierres.

A

DEVIS
ET CONDITIONS

Des Ouvrages de Maçonnerie pour les réparations & changemens qu'il conviendra faire dans les Maisons Royales & autres appartenantes au Roy à Paris ; dressé, suivant les Ordres de Monseigneur LE DUC D'ANTIN Pair de France, &c. Surintendant & Ordonnateur general des Bâtimens, Jardins, Arts & Manufactures de Sa Majesté ; par Monsieur DE COTTE, Chevalier de l'Ordre de saint Michel, Conseiller du Roy, premier Architecte & Intendant des Bâtimens de Sa Majesté.

Qualitez des Materiaux qui seront employez ausdites réparations, bâtimens & changemens.

LES Mortiers seront composez d'un tiers de bonne chaux de Melun, & les deux autres tiers de sable de riviere, ou autres de bonne qualité, bien broyez & incorporez ensemble. Mortiers.

Les Moilons seront durs, des Carrieres d'Arcueil, Bagneux, Fauxbourgs Saint Germain, S. Marcel, S. Jacques, ou Vaugirard, ébousinez, essemillez, & posez sur leur lit, en bonnes liaisons, ou sur leur champ, suivant que la qualité de l'ouvrage le requerera. Moilons.

Les Murs en fondations seront élevez entre deux lignes, & non bloquez entre les terres. Murs en fondations.

Les Pierres dures qui s'employeront seront des Carrieres d'Arcueil ou Bagneux, & les Pierres tendres de S. Leu, le tout sans fils Pierres.

A

ny moyes qui les traversent, & qui paroissent à six pouces prés des paremens, bien ébousinez jusqu'au vif; les pierres dures seront taillées & layées, les pierres tendres seront taillées & repassées au fer, posées en liaisons de sept, huit à neuf pouces, tant en leur lit qu'à leur joint, coulées, fichées & jointoyées avec mortier des qualitez susdites.

Plâtres. Les Plâtres seront des Carrieres de Montmartre ou Belleville, bien cuits.

Briques. Toutes les Briques seront de la meilleure qualité, posées en bonne liaison, maçonnées avec mortier de chaux & sable, ou Plâtre pur.

Carreaux. Les Carreaux de terre cuite, tant petits que grands, seront à six pans, de bonnes qualitez, posez en Plâtre pur & de niveau.

Lattes. Les Lattes seront de cœur de chêne sans aubiers, posées en liaisons, cloüées sur chacune solive, poteaux ou chevrons.

CONSTRUCTION.

Vuidanges des terres. SEront faites les Foüilles & Vuidanges des terres massives, pour les Caves & Fosses d'Aisances, Tranchées & Rigolles pour les fondations des Murs, jusques sur bons & solides fonds, conduites de niveau & par redans.

Murs de fondations. Seront faits tous les Murs en fondations & massifs avec moilons, & mortiers des qualitez susdites, lesquels seront toisez & reduits en cube de toutes sortes d'épaisseurs, observant que les paremens vûs dans les caves, seront faits avec paremens de moilons picquez proprement, posez par arrazes égales de niveau, & les joints tirez proprement.

Chaînes de pierres. Les Chaînes de Pierres dures qui seront mises aux murs dans les Caves, les unes auront deux pieds & demi de face, de quinze à dix-huit pouces de lit, les autres dix-huit pouces de face de vingt-un & vingt-quatre pouces de lit.

Voûtes des caves & fosses d'aisances. Les Voûtes des Caves & Fosses d'aisances seront faites en plein ceintre, autant que faire se pourra, construites avec moilons bien gisans, posez en coupe & en bonne liaisons, hourdées & crépies en plâtre par dessous, lesdites Voûtes de quinze pouces d'épaisseur à la clef; les reins seront remplis avec moilons & mortier de chaux & sable, arrazez de niveau d'aprés le couronnement desdites voûtes.

Arcs de pierres. Les Arcs de Pierres dures auront deux pieds & demi, à dix-huit pouces de face alternativement, & porteront quinze à vingt-un pouces de coupe alternativement.

Murs de face. Les Murs de face & de refends au-dessus des fondations de toutes sortes d'épaisseurs, soit par reprises ou autrement, seront construits avec moilons & mortier des qualitez susdites, crépis & enduits de plâtre des deux côtez, observant que dans les murs de face seront faites des feüilleures de deux pouces quarrez pour recevoir des doubles châssis ou contrevents.

Et si l'on met des Pieds droits de pierres aux Portes & Croisées desdits Murs, les assises auront quinze à vingt-un pouces de face alternativement, & du parpin des Murs élevez jusqu'au-dessous des linteaux ou fermetures en pierre, lesquelles fermetures seront faites avec des clavaux posez de lit en joint de dix-huit pouces à deux pieds de coupe alternativement, & du parpin des Murs. Pieds droits des portes & croisées.

Seront faits les percemens de Portes & Croisées & autres, de toutes sortes d'épaisseurs; les pieds droits seront faits avec moilons maçonnez, crépis & enduits de plâtre, & les linteaux de bois recouverts avec un latti, crépi & enduit de plâtre; & en cas qu'il soit employé de la pierre de taille, elle sera payée séparement, suivant les constructions ci-devant dites. Ouvertures des portes & croisées.

Seront faits les Parpins sous les Cloisons & pans de bois de pierre dure de sept à huit pouces d'épaisseur, & quatorze à quinze pouces de hauteur. Parpins sous les cloisons.

Seront faites les Marches des Perrons en dehors, Escaliers & Descentes de Caves avec pierres dures des qualitez ci-devant dites, celles des escaliers des hauteurs de girons, qui seront reglées d'une seule piece en leurs longueurs, ornées sur le devant d'icelles d'une astragalle, observant les portées dans les murs & trois pouces de recouvrement l'une sur l'autre, & seront dégauchies par-dessous lors qu'il sera ordonné, les autres marches qui ne seront point dégauchies seront faites sans aucun démaigrissement ni diminution de l'épaisseur par dessous. Marches des perrons, escaliers, & descentes de caves.

Les Marches des Perrons seront des mêmes qualitez, des largeurs & hauteurs qui seront reglées, & seront des plus longs morceaux que faire se pourra, lesquelles ne pourront être moindres que de trois ou quatre pieds de longueur. Marches des perrons.

Les Marches de descentes de Caves seront faites des mêmes qualitez & façons de celles ci-dessus, lesquelles seront taillées, layées & posées de niveau. Marches des descentes de caves.

Les Pavez seront de pierre dure de pareille qualité que les marches de trois ou quatre pouces d'épaisseur, ou de cinq à six pouces d'épaisseur, taillez proprement, posez en bonne liaison, bien de niveau, ou en pente reglée, coulez & fichez en mortier de chaux & sable, observant que les joints soient les plus petits que faire se pourra. Pavez.

Seront faits les Murs de clôtures avec moilons & mortier des qualitez susdites ou en plâtre, lesquels auront deux pieds d'épaisseur en fondation, vingt pouces au-dessus de la retraite, élevez avec fruit, & réduit à dix-huit pouces d'épaisseur au-dessous du chaperon, qui Murs de clôtures.

ſera fait avec bordures alignées d'un rang de moilons poſées ſur le plat, en boutiſſe ſaillante des deux côtez, gobtez à chaux & ſable, à moilons apparens des deux côtez, ou crépis de plâtre.

Ouvrages en brique.

Seront faits les Ouvrages en Brique, comme Languettes, Souches de Cheminées, Contre-cœur, Potagers, Murs & Aires, leſdites briques poſées en bonne liaiſon les unes ſur les autres, tant en lit qu'en joint, hourdées & crépies en plâtre par le dedans pour les Souches & Contre-cœurs.

Fermetures de pierres.

Et lorſqu'il ſera ordonné des fermetures de pierres au-deſſus des Souches de Cheminées, elles ſeront conſtruites de pierres de S. Leu, de quatorze à quinze pouces de hauteur, ornées de plintes & adouciſſemens en gorge, ſcellées, cramponnées, fichées, coulées & jointoyées.

LEGERS OUVRAGES.

Les tuyaux & manteaux de cheminées.

SEront faits les legers Ouvrages, ſçavoir les Tuyaux & Manteaux de Cheminées avec plâtre pur de trois pouces d'épaiſſeur, compris les crépis & enduits, bien épigeonnez & non plaquez, à la reſerve des tuyaux rampans, ornez de plintes & fermetures.

Planchers creux.

Les Planchers creux ſeront lattez à lattes jointives ſur les ſolives, avec une aire de plâtre pur par-deſſus de deux à trois pouces d'épaiſſeur, fait de niveau, & enduit par-deſſus dans les endroits qui ne ſeront point carrelez, & les entre-voux tirez par-deſſous dans les planchers où les ſolives ſeront apparentes.

Planchers creux lambriſſez.

Les autres Planchers creux qui ſeront lambriſſez par-deſſous ſeront lattez à lattes jointives par-deſſous, crépis & enduits de plâtre.

Cloiſons pleines.

Les Cloiſons pleines ſeront hourdées avec plâtre & plâtras enduits d'après les poteaux ou lattées, de quatre pouces en quatre pouces, recouvertes de plâtre des deux côtez.

Cloiſons qui portent à faux.

Les Cloiſons qui porteront à faux ſeront creuſes & lattées à lattes jointives des deux côtez, crépies & enduites de plâtre, & les Lambris rampans auſſi lattez à lattes jointives, crépis & enduits de plâtre.

Cloiſons de planches de bateau.

Les Cloiſons de planches de bateau ſeront plaquées dans les entrevoux avec plâtre pur, lattées de quatre pouces en quatre pouces, & recouvertes de plâtre des deux côtez.

Chauſſes d'aiſances.

Les Chauſſes d'aiſances ſeront faites avec boiſſeaux de terre cuite, de neuf à dix pouces de diametre, bien plombez, emboëtez les unes dans les autres, poſez à plomb avec un hourdi de plâtre de trois pouces d'épaiſſeur au pourtour, & enduit de plâtre par-deſſus, obſervant les ſieges & vantouſes aux endroits neceſſaires, & ſeront faits generalement tous les legers Ouvrages en plâtre pur, tous les ſcellemens de Charpenteries, Menuiseries & Fers necessaires.

Seront faites les Bornes de quatre pieds & demy de haut, compris ce qui sera enterré, construites avec pierre dure d'Arcueil, arrondies ou à pans, taillées & piquées proprement à grains d'orge, posées sur un massif de moilons & mortier de chaux & sable, ou de plâtre de deux pieds quarrez. Bornes.

Seront faits les Seüils & Appuis avec pierre dure, posées de niveau ou en pente. Seüils & Appuis.

Tous lesquels Ouvrages seront bien & duëment faits suivant l'art de bâtir, & au desir du present Devis. L'Entrepreneur fournira tous les materiaux, équipages, échafaudages, peines d'Ouvriers, droits de materiaux, & toutes choses generalement quelconques necessaires pour l'entiere perfection d'iceux, enlevera les gravois aux champs, rendra place nette, moyennant les prix ci-après declarez.

SCAVOIR.

Pour chacune toise cube de foüille & transport des terres des Caves, Fosses d'aisances & autres, la somme de — bon 10

Pour chacune toise de murs en fondation massifs, construits de moilons & mortier de chaux & sable réduits en cube, compris la foüille & transport des terres, la somme de — bon 70

Pour chacune toise superficielle de paremens de moilons piquez, en plus valeur, la somme de — bon 3

Pour chacune toise courante de chaînes de pierres dures, en plus valeur, de deux pieds d'épaisseur réduit, la somme de — bon 15

Celles qui seront dans les Murs, plus ou moins épais, seront payez à proportion.

Pour chacune toise superficielle des voûtes de Caves, les reins non comptez & confondus dans le prix, la somme de — bon 15

Pour chacune toise courante d'arcs de pierres dures en plus valeur, la somme de — bon 15

Pour chacune toise superficielle des Murs de face & de refends, d'un pied d'épaisseur, construits avec moilons & mortier de chaux & sable, crépis & enduits de plâtre des deux côtez, toisez tant plein que vuide, sans aucun avant-corps ni retour, la somme de — bon 14

A iij

Nota. Que tous les tuyaux & manteaux de cheminées en plâtre qui se rencontreront dans l'épaisseur des murs de faces & de refends, de quelque épaisseur qu'ils puissent être, ne seront point toisez, mais confondus dans le prix des murs.

Pour chacune toise de Murs de pareille construction de quinze pouces, la somme de

Pour chacune toise de Murs, *idem*, de dix-huit pouces, la somme de

Pour chacune toise de Murs, *idem*, de vingt-un pouces, la somme de

Pour chacune toise de Murs, *idem*, de deux pieds, la somme de

Pour chacune toise de Murs, *idem*, de deux pieds un quart, la somme de

Pour chacune toise de Murs, *idem*, de deux pieds & demy, la somme de

Pour chacune toise de Murs, *idem*, de deux pieds neuf pouces, la somme de

Pour chacune toise de Murs, *idem*, de trois pieds, la somme de

Pour chacune toise superficielle des murs de face & de refend d'un pied d'épaisseur, construits avec moilons hourdez de plâtre, crépis & enduits de plâtre des deux côtez, toisez tant plein que vuide, sans compter aucun avant-corps ni retour, la somme de

Nota. Que tous les tuyaux & manteaux de cheminées en plâtre, qui se rencontreront dans l'épaisseur des Murs de face & de refends, de quelque épaisseur qu'ils puissent être, ne seront point toisez, mais confondus dans le prix desdits murs.

Pour chacune toise de Murs de pareille construction que dessus, de quinze pouces d'épaisseur, la somme de

Pour chacune toise de Murs, *idem*, de dix-huit pouces d'épaisseur, la somme de

Pour chacune toise de Murs, *idem*, de vingt-un pouces d'épaisseur, la somme de

Pour chacune toise de Murs, *idem*, de deux pieds d'épaisseur, la somme de

Pour chacune toise de Murs, *idem*, de deux pieds un quart d'épaisseur, la somme de

Pour chacune toise de Murs, *idem*, de deux pieds & demy d'épaisseur, la somme de

Pour chacune toise de Murs, *idem*, de deux pieds trois quarts d'épaisseur, la somme de

Pour chacune toise de Murs, *idem*, de trois pieds d'épaisseur, la somme de

Et pour tous lesdits Murs hourdez, tant en plâtre qu'en chaux, qui ne seront crépis ni enduits de plâtre, la diminution en sera faite suivant l'usage des legers Ouvrages.

Observation.

Et sera observé que lors qu'il y aura de la pierre de taille, la diminution de la superficie d'icelle en sera faite avec les vuides des bayes, & que ladite pierre sera payée séparement, suivant les prix ci-dessous ;

SCAVOIR,

Pour chacune toise courante d'assises de pierre d'Arcuëil à deux paremens, qui seront posées au bas des murs de face & de refends, de quinze à seize pouces de hauteur, & de quinze pouces d'épaisseur, la somme de

Pour chacune toise courante de pareilles assises de dix-huit pouces d'épaisseur, la somme de

Pour chacune toise, *idem*, de vingt-un pouces d'épaisseur, la somme de

Pour chacune toise courante, *idem*, de deux pieds d'épaisseur, la somme de

Pour chacune toise, *idem*, de deux pieds un quart d'épaisseur, la somme de

Et lorsque lesdites assises ne seront qu'à un parement, il sera diminué sur chacune d'icelles la somme de 2

Pour chacune toise superficielle de Murs en percemens de deux pieds d'épaisseur, avec pieds droits ou jambages de portes & croisées, hourdées en plâtre, enduit en leur pourtour, recouvrement de linteaux & maçonnerie au-dessus, la somme de 13

Les autres Murs en percemens, de plus ou moins fortes épaisseurs, seront payez à proportion.

Pour chacune toise courante de Murs de pieds droits de portes ou croisées en pierre dure ausdits murs de face, murs de refends & murs en percemens, de deux pieds d'épaisseur & de dix-huit pouces de face réduit, la somme de 27

Pour chacune toise courante de pareils Murs, de pieds droits en pierre tendre, de deux pieds d'épaisseur, la somme de 19

Les autres Murs de pieds droits, de plus ou moins fortes épaisseurs, seront payez à proportion.

Pour chacune toise courante de fermetures de portes & croisées en pierre dure, de deux pieds d'épaisseur, la somme de 32

Pour chacune toise courante de pareilles fermetures en pierre tendre, la somme de 22

Celles qui auront plus ou moins d'épaisseur, seront payées à proportion.

Pour chacun Seüil & Appui de pierre dure, de quatre pieds de longueur, de quinze pouces de largeur, & six pouces d'épaisseur, la somme de 5

Les autres Seüils & Appuis à proportion de leur longueur & largeur.

Pour chacune toise superficielle des parpins de pierre dure, sans compter aucun retour, la somme de 38

Pour chacune toise superficielle des Marches de pierres dures d'Arcueil, ornées sur le devant d'icelles d'architecture & dégauchies par-dessous, sans compter aucune chose pour les saillies d'architecture, la somme de 45

Pour chacune toise, *idem*, de Marches sans être dégauchies, seulement ornées d'architecture sur le devant, lesquelles seront confondues dans le prix, & non toisées, la somme de bon 36

Pour chacune toise superficielle de Marches de Perrons, la somme de bon 28

Pour chacune toise, *idem*, de Marches de descente de Cave, la somme de bon 25

Pour chacune toise superficielle de pavez de pierre dure, de trois à quatre pouces d'épaisseur, la somme de bon 25

Pour chacune toise superficielle de Pavez de pierre dure, de cinq à six pouces d'épaisseur, la somme de bon 30

Pour chacune toise superficielle de Saillies d'architecture en pierre dure, si aucunes se font, le tout compris la pierre, la somme de bon 15

Pour chacune toise superficielle de pareilles Saillies renfoncées, & pour façon seulement, la somme de bon 10 ~~8~~

Pour chacune toise superficielle de Saillies de pierre tendre, compris la pierre, la somme de bon 10

Pour chacune toise, *idem*, renfoncées, & pour façon seulement, la somme de bon 5 10

Pour chacune toise superficielle de Murs de clôture en chaux, crépis de plâtre des deux côtez, toisez depuis le dessous de la fondation, le chaperon compté pour un pied, la somme de bon 16

Pour chacune toise de Murs, *idem*, avec vieux moilons de démolition, la somme de bon 8

Pour chacune toise de Murs de clôture, hourdez en plâtre & crépis de plâtre des deux côtez, le chaperon compté pour un pied, la somme de bon 16

Pour chacune toise de pareils Murs avec vieux moilons de démolition, la somme de bon 8

Pour chacune toise superficielle de Murs de clôture de moilons neuf, avec mortier de terre franche, chaînes de plâtre, tant en fondation qu'au-dessus de trois pieds de longueur, de douze pieds en douze pieds, de milieu en milieu, crépis de plâtre des deux côtez, le chaperon aussi en plâtre, compté pour un pied, la somme de

Pour chacune toise superficielle de pareils Murs, avec vieux moilons, la somme de

Et lors que les Murs ne seront point crépis en plâtre, la diminution en sera faite suivant l'usage des legers Ouvrages.

Pour chacune toise superficielle de gobtages en chaux & sable sur les vieux Murs, la somme de

Pour chacune toise de crépis en chaux & sable passé au crible, la somme de

Pour chacune toise superficielle de Languette de brique de quatre pouces, sans enduit de plâtre, la somme de

Pour chacune toise superficielle d'aire de brique, posées sur le plat, maçonnées avec chaux & sable, la somme de

Pour chacune toise, *idem*, de Brique, de six pouces d'épaisseur réduit, la somme de

Pour chacune toise, *idem*, de huit pouces d'épaisseur, la somme de

Les crépis & enduits de plâtre qui seront faits sur lesdites Briques, seront toisez suivant l'usage des legers Ouvrages.

Pour chacune toise courante de fermetures de cheminées de pierres tendres, de quinze pouces de hauteur, sans compter aucunes saillies de pierres, ni scellement de crampons, la somme de

Pour chacune toise, *idem*, de plintes en pierres tendres, de huit à neuf pouces, la somme de

Pour chacune toise superficielle de grands Carreaux de terre cuite, la somme de

Pour chacune toise superficielle, *idem*, de petits Carreaux, la somme de

Pour chacune toise de vieux Carreaux de démolition remployez, la somme de ban 2 : 5.

Pour chacun grand Carreau en recherche, la somme de ban 1 : 3

Pour chacun petit Carreau en recherche, la somme de ban 1

Pour chacune toise de legers Ouvrages toisez aux Uz & Coûtumes de Paris, le Carreau toisé séparement, la somme de ban 7 : 15.

Pour chacune Borne de quatre pieds & demi de haut, compris le scellement, la somme de ban 12 : 10.

Les autres Bornes, plus ou moins hautes, seront payées à proportion.

adjugés adassable, charpentier, du four legoux [illegible]

signé LeDuc Daubin

A PARIS,
De l'Imprimerie de JACQUES COLLOMBAT Imprimeur ordinaire du Roy, & des Bâtimens, Arts & Manufactures de Sa Majesté, ruë S. Jacques, au Pelican. 1721.

DEVIS
ET CONDITIONS

Des Ouvrages de Maçonnerie pour les réparations & changemens qu'il conviendra faire dans les Maisons Royales & autres appartenantes au Roy à Versailles, Marly, S. Germain, Meudon & leurs dépendances; dressé, suivant les Ordres de Monseigneur LE DUC D'ANTIN Pair de France, &c. Surintendant & Ordonnateur general des Bâtimens, Jardins, Arts & Manufactures de Sa Majesté; par Monsieur DE COTTE, Chevalier de l'Ordre de saint Michel, Conseiller du Roy, premier Architecte & Intendant des Bâtimens de Sa Majesté.

Qualitez & façons des Materiaux qui seront employez ausdits Bâtimens, Réparations & Changemens.

LES Mortiers seront composez d'un tiers de bonne chaux de Melun, & les deux autres tiers de sable de riviere, ou autres de bonne qualité, bien broyez & incorporez ensemble. Mortiers.

Les Moilons seront de cailloux, meulieres ou moilons durs, comme ils s'employent ordinairement, ébouzinez, essemillez, & posez sur leur lit, en bonnes liaisons, ou sur leur champ, suivant que la qualité des Ouvrages pourra le requerir. Moilons.

Les Pierres dures qui s'employeront seront des Carrieres de saint Cloud & de la Chaussée, & les Pierres tendres de Saint Leu, le tout sans fils ny moyes qui les traversent ni qui paroissent, à six pouces prés des paremens, bien ébouzinez jusqu'au vif. Les Pierres dures Pierres.

seront taillées & layées ; les pierres tendres seront taillées & repassées au fer, posées en liaisons de sept, huit à neuf pouces, tant en leur lit qu'à leur joint, coulées, fichées & jointoyées avec mortier des qualitez susdites.

Plâtres. Les Plâtres seront des Carrieres d'Argenteüil, Clamart & Ville d'Avray, bien cuits.

Briques. Toutes les Briques seront de la meilleure qualité, posées en bonne liaison, maçonnées avec mortier de chaux & sable, ou Plâtre pur, si besoin est.

Carreaux. Les Carreaux de terre cuite, tant petits que grands, seront à six pans, de bonnes qualitez, posez en Plâtre pur & bien de niveau.

Lattes. Les Lattes seront de cœur de chêne sans aubiers, posées en liaisons, cloüées sur chacune solive, poteaux ou chevrons.

CONSTRUCTION.

Foüilles & Vuidanges des terres. SEront faites les Foüilles & Vuidanges des terres massives, pour les Caves & Fosses d'Aisances, Tranchées & Rigolles pour les fondations des Murs, jusques sur bons & solides fonds, conduites de niveau & par redans.

Murs de fondations. Seront faits tous les Murs en fondations & massifs, avec moilons & mortiers des qualitez susdites, lesquels seront toisez & reduits en cube de toutes sortes d'épaisseurs, observant que les paremens vûs dans les caves, seront faits avec paremens de moilons picquez proprement, posez par arrazes égales de niveau, & les joints tirez proprement. Et quand les Murs seront de cailloux, les Paremens dans les Caves & fosses seront gobtez en mortier ou crépis en plâtre.

Murs en fondations. Seront les mêmes Murs élevez entre deux lignes, & non bloquez entre les terres.

Chaînes de pierres. Les Chaînes de Pierres dures qui seront mises aux murs dans les Caves, les unes auront deux pieds & dèmi de face, de quinze à dix-huit pouces de lit, les autres dix-huit pouces de face de vingt-un & vingt-quatre pouces de lit.

Voûtes des caves & fosses d'aisances. Les Voûtes des Caves & Fosses d'aisances seront faites en plein ceintre, autant que faire se pourra, construites avec moilons ou cailloux, bien gisans, posez sur le plat, en coupe & en bonnes liaisons, hourdez & crépis en plâtre par dessous. Lesdites Voûtes de quinze pouces d'épaisseur à la clef ; les reins seront remplis avec moilons & mortier de chaux & sable, arrazez de niveau d'aprés le couronnement desdites voûtes.

Arcs de pierres. Les Arcs de Pierres dures auront deux pieds & demi, à dix-huit pouces de face alternativement, & porteront quinze à vingt-un pouces de coupe alternativement.

Murs de face. Les Murs de face & de refends au-dessus des fondations de toutes sortes d'épaisseurs, soit par reprises ou autrement, seront construits avec moilons & mortier des qualitez susdites, posez sur le plat en liaison, maçonnez avec mortier de chaux & sable. Sera observé que dans tous les murs de face seront faites des feüilleures de deux pouces quarrez pour recevoir des doubles châssis ou contrevents.

Et si l'on fait des Pieds droits aux Portes & Croisées de pierres, tant dures que tendres, jusqu'à deux pieds d'épaisseur, toutes les pierres feront parpin, posées en liaison les unes sur les autres, observant que les premieres assises auront dix-huit à vingt pouces de tête, & les autres au-dessus alternativement de quatorze à quinze pouces, élevées jusques sous les fermetures. Les clavaux seront posez de lit en joint, ayant dix-huit pouces à deux pieds de coupe alternativement; lesdites pierres fichées, coulées & jointoyées. Pieds droits des portes & croisées.

Seront faits les percemens & ouvertures de Portes, Croisées & autres percemens de toutes sortes d'épaisseurs; les pieds droits seront construits de moilons maçonnez, crépis, enduits de plâtre, & les linteaux avec un latti recouvert d'un crépi & enduit de plâtre; & en cas qu'il soit employé de la pierre de taille, elle sera payée séparement, suivant les constructions ci-devant dites. Ouvertures des portes & croisées.

Seront faits les Parpins sous les Cloisons & pans de bois de pierre dure de sept à huit pouces d'épaisseur, & au moins de quatorze à quinze pouces de hauteur. Parpins sous les cloisons.

Seront faites les Marches des Perrons en dehors, Escaliers & Descentes de Caves avec pierres dures des qualitez ci-devant dites, celles des escaliers des hauteurs, largeurs de girons, qui seront reglées d'une seule piece en leurs longueurs, ornées sur le devant d'icelles d'une astragalle, observant les portées dans les murs, & trois pouces de recouvrement l'une sur l'autre, & seront dégauchies par-dessous lors qu'il sera ordonné, les autres marches qui ne seront point dégauchies seront faites sans aucun démaigrissement ni diminution de l'épaisseur par-dessous. Marches des perrons, escaliers, & descentes de caves.

Les Marches des Perrons seront des mêmes qualitez, des largeurs & hauteurs qui seront reglées, & seront des plus longs morceaux que faire se pourra, lesquelles ne pourront être moindres que de trois à quatre pieds de longueur. Marches des perrons.

Les Marches de descentes de Caves seront aussi des mêmes qualitez & façons de celles ci-dessus, toutes lesquelles marches seront taillées, layées & posées de niveau. Marches des descentes de caves.

Tous les Pavez seront de pierre dure de pareille qualité que les marches de cinq à six pouces, ou de trois à quatre pouces d'épaisseur, taillez proprement, posez en bonne liaison, bien de niveau, ou en pente reglée, coulez & fichez en mortier de chaux & sable, observant que les joints soient les plus petits que faire se pourra. Pavez.

Seront faits les Murs de clôtures; Sçavoir, ceux avec moilons & mortier de chaux & sable, auront deux pieds d'épaisseur en fondation, Murs de clôtures.

au-dessus de laquelle sera faite une retraite de deux pouces de chacun côté, pour avoir vingt pouces d'épaisseur au rez-de-chaussée; élevez avec fruit, & reduit à dix-huit pouces d'épaisseur au-dessous du chaperon, avec bordures, alignez d'un rang de moilons posez sur le plat, en boutisses saillantes des deux côtez, lesquels murs seront gobtez en chaux & sable, à moilons apparens des deux côtez.

Mêmes murs.

Les Murs de clôtures qui seront faits avec moilons & mortier de terre, & Chaînes de chaux de trois pieds de longueur, de douze pieds en douze pieds, de milieu en milieu; les chaperons aussi avec mortier de chaux & sable; lesdits murs gobtez en chaux & sable; & moilons apparent des deux côtez, & seront de pareille épaisseur que ceux ci-dessus.

Mêmes murs.

Les Murs de clôtures entierement avec moilons, maçonnez avec mortier de terre franche, seront de pareilles épaisseurs que ceux ci-dessus, seulement gobtez des deux côtez de chaux & sable à moilon apparent. Sera observé que dans tous lesdits murs au-dessus des fondations, seront posez des moilons de trois pieds en trois pieds qui feront le parpin des murs.

Aqueducs.

Tous les Aqueducs qu'il conviendra faire seront des hauteurs & largeurs qui seront reglées, avec deux murs, dont les pieds droits auront dix-huit pouces d'épaisseur, construits avec moilons & mortier de chaux & sable, & gobtez en chaux à moilons apparens par les dedans.

Voûtes d'Aqueducs.

Les Voûtes seront fermées en plein ceintre, autant que faire se pourra, avec moilons bien gisans, posez en coupe, maçonnez & gobtez en chaux & sable; observant que le haut de la Voûte aura douze à treize pouces d'épaisseur à la clef. Lesdites Voûtes seront toisées dans leur pourtour par le milieu de l'épaisseur, & l'Entrepreneur fera la foüille & transport des terres dans toute la largeur & hauteur desdits Aqueducs, jusqu'au couronnement de la Voûte, sans qu'il en puisse prétendre aucune somme que ce qui sera convenu pour chacune toise superficielle desdits pieds droits & Voûtes; & à l'égard de la foüille excedente, elle sera payée séparement, compris le remblay.

Chaînes & Arcs des Aqueducs.

Et lorsqu'il sera mis des Chaînes & Arcs aux Aqueducs, elles seront construites avec pierres dures, chaque pierre faisant le parpin des Murs & Voûtes, & auront deux pieds & quinze pouces de tête alternativement, piquez proprement par leurs paremens interieurs, & seront payez à l'Entrepreneur en plus valeur.

Fonds des Aqueducs.

Les fonds desdits Aqueducs seront pavez avec moilons posez de champ de neuf pouces d'épaisseur, maçonnez en mortier de chaux & sable, en observant les ruisseaux necessaires.

Pierrées.

Seront faites les Pierrées qui auront un pied de vuide, les pieds droits seront construits avec moilons de meulieres ou cailloux de dix-huit pouces de hauteur, & d'un pied d'épaisseur, gobtez en chaux & sable, posez sur un massif de moilons, posez de champ de neuf pouces d'épaisseur, le tout maçonné avec moilons & mortier de chaux & sable; lesdites Pierrées seront couvertes avec dalles de pierres dures essemillées, de quatre à cinq pouces d'épaisseur, des Carrieres de S. Germain ou de S. Nom; observant quatre à cinq pouces au moins de portées sur chacun mur, de maniere qu'il ne puisse entrer ni sable ni terre dans lesdites Pierrées. L'Entrepreneur sera obligé de faire la foüille & transport jusqu'à trois pieds de profondeur, qui sera comprise dans le prix de la toise courante; & si la foüille est plus profonde, luy sera payée par excedant, y compris le remblay.

Pierrées couvertes de moilons.

Les Pierrées couvertes de moilons auront sept à huit pouces de vuide, & un pied de hauteur. Les pieds droits seront construits avec moilons & mortier de chaux & sable, d'un pied d'épaisseur, posez sur un massif de moilons, posez de champ, comme dessus; observant que les moilons qui serviront de cou ertures seront posez sur le plat, & auront environ trois pouces de portées sur les murs, & l'Entrepreneur sera obligé de faire sa foüille, comme est dit cy-devant.

Pierrées à pierres seiches.

Les autres Pierrées à pierres séches seront faites avec moilons de meuliere ou cailloux, & auront six à sept pouces de largeur de vuide sur huit pouces de hauteur: les murs pieds droits de neuf à dix pouces d'épaisseur, posez sur un massif de moilons posez de champ, & couverts de moilons les plus longs & les plus gisans qui pourront se trouver, & qui porteront comme dessus sur les pieds droits, & la foüille sera faite comme dessus & ci-devant expliqué.

Ouvrages de brique.

Seront faits tous les Ouvrages en Brique, comme Languettes, Souches de Cheminées, Contre-cœur, Potagers, Murs & Aires, posées en bonnes liaisons les unes sur les autres, tant en lit qu'en joint, maçonnez en mortier de chaux & sable, ou en plâtre, si besoin est.

Fermetures de pierres.

Et lorsqu'il sera ordonné des fermetures de pierres au-dessus des Souches de Cheminées, elles seront construites de pierres de S. Leu, de quatorze à quinze pouces de hauteur, ornées de plintes & adoucissemens en gorge, scellées, cramponnées, fichées, coulées & jointoyées.

LEGERS OUVRAGES.

Souches & tuyaux de cheminées.

LEs Souches & Tuyaux de Cheminées seront faits avec plâtre pur de trois pouces d'épaisseur, bien épigeonnées & non plaquees, à la reserve des tuyaux rampans, le tout crépi & enduit de plâtre au sas des deux côtez, avec fermetures & plintes. Sera observé qu'à Versailles & dépendances, les paremens exterieurs des cheminées, façades des Maisons, tant sur les ruës, avenuës, que sur les cours & jardins, seront briquetées avec des enduits mêlez avec de l'ocre rouge, & les joints tirez au crochet, & remplis après de plâtre.

Planchers creux. Les Planchers creux seront lattez à lattes jointives sur les solives, avec une aire de plâtre pur de deux à trois pouces d'épaisseur, fait de niveau, enduits par-dessus ou prêts à recevoir le carreau, enduits par-dessous dans les entre-voux quand les solives seront apparentes.

Planchers creux lambrissez. Les autres Planchers creux & qui seront lambrissez par-dessous seront lattez jointifs par-dessous, crépis & enduits de plâtre.

Planchers hourdez. Les Planchers hourdez pleins seront faits avec plâtre & plâtras, & enduits d'après les solives, ou recouverts par-dessous avec un latti de quatre pouces en quatre pouces, crépis & enduits par-dessous.

Cloisons pleines. Les Cloisons pleines seront hourdées avec plâtre & plâtras enduits d'après iceux ou lattées, de quatre pouces en quatre pouces de distance, recouvertes de plâtre d'un ou de deux côtez.

Cloisons qui portent à faux. Les Cloisons qui porteront à faux seront creuses & lattées à lattes jointives des deux côtez, crépies & enduites de plâtre.

Cloisons de planches de bateau. Les Cloisons de planches de bateau seront plaquées dans les entre-voux avec plâtre pur, lattées de quatre pouces en quatre pouces, & recouvertes de plâtre des deux côtez.

Corniches de plâtre. Seront faites toutes les Corniches de plâtre au pourtour des plafonds & aux manteaux de cheminées, & toutes les autres saillies d'Architecture, dont les profils seront donnez.

Lambris. Seront faits les Lambris rampans à lattes jointives, recouverts d'un crépi enduit. Recouvrement de tous les bois avec un latti de quatre pouces en quatre pouces, recouverts aussi de plâtre. Exhaussement des chevrons au-dessus de l'entablement, & generalement tous les autres legers Ouvrages; tous les scellemens necessaires, tant de Charpenteries, Menuiseries, Fers, qu'autres scellemens.

Chausses d'aisances. Les Chausses d'aisances seront faites avec boisseaux de terre cuite, de neuf à dix pouces de diametre, bien plombez, emboëtez les unes dans les autres, posez à plomb avec un hourdi de plâtre de trois pouces d'épaisseur au pourtour, & enduit de plâtre par-dessus, observant les sieges & vantouses aux endroits necessaires.

Bornes. Seront faites les Bornes de quatre pieds & demy de haut, compris ce qui sera enterré, construites avec la pierre dure de la Chaussée, S. Cloud, arrondies ou à pans, taillées & piquées proprement à grains d'orge, posées sur un massif de moilons & mortier de chaux & sable ou de plâtre, de deux pieds quarrez.

Seüils & Appuis. Seront faits les Seüils & Appuis avec pierre dure, posées de niveau ou en pente.

Tous lesquels Ouvrages seront bien & duëment faits & parfaits suivant l'art de bâtir, & au desir du present Devis. Les Entrepreneurs fourniront de tous materiaux, équipages, échafaudages, peines d'Ouvriers, droits de materiaux, & tout ce qui conviendra pour l'entiere perfection d'iceux, enleveront les gravois aux champs, & rendront places nettes, moyennant les prix & les sommes ci-après declarez.

SCAVOIR,

Pour chacune toise cube de foüille & transport des terres des Caves, Fosses d'aisances & autres, la somme de

Pour chacune toise cube des Foüilles excedantes pour les Aqueducs & Pierrées, y compris le remblay, la somme de

Pour chacune toise cube de murs en fondation & massif, construits de moilons, & maçonnez de mortier de chaux & sable, y compris la foüille des terres, la somme de

Pour chacune toise cube de moilons maçonnez en plâtre, la somme de

Pour chacune toise superficielle de Voûtes de Caves, sans compter aucuns reins, la somme de

Pour chacune toise courante de Chaînes & Arcs de pierres dures dans les Caves en plus valeur, la somme de

Pour chacune toise superficielle des Murs de face & de refends, d'un pied d'épaisseur, construits avec moilons & mortier de chaux & sable, crépis & enduits de plâtre des deux côtez, toisez tant plein que vuide, la somme de

Pour chacune toise de Murs de pareille construction de quinze pouces d'épaisseur, la somme de

Pour chacune toise de Murs de pareille construction de dix-huit pouces d'épaisseur, la somme de

Pour chacune toise de Murs de pareille construction de vingt-un pouces, la somme de

Pour chacune toise de Murs de pareille construction de deux pieds d'épaisseur, la somme de

Pour chacune toise de Murs de pareille construction de deux pieds un quart d'épaisseur, la somme de

Pour chacune toiſe de Murs de pareille conſtruction de deux pieds & demy d'épaiſſeur, la ſomme de

Pour chacune toiſe de Murs de pareille conſtruction de deux pieds trois quarts d'épaiſſeur, la ſomme de

Pour chacune toiſe de Murs de pareille conſtruction de trois pieds d'épaiſſeur, la ſomme de

Pour chacune toiſe ſuperficielle des murs de face & de refend d'un pied d'épaiſſeur, conſtruits avec moilons & plâtre, toiſez tant plein que vuide, crépis & enduits de plâtre des deux côtez, la ſomme de

Pour chacune toiſe des Murs de pareille conſtruction de quinze pouces d'épaiſſeur, la ſomme de

Pour chacune toiſe des Murs de pareille conſtruction de dix-huit pouces d'épaiſſeur, la ſomme de

Pour chacune toiſe des Murs de pareille conſtruction de vingt-un pouces d'épaiſſeur, la ſomme de

Pour chacune toiſe des Murs de pareille conſtruction de deux pieds d'épaiſſeur, la ſomme de

Pour chacune toiſe des Murs de pareille conſtruction de deux pieds un quart d'épaiſſeur, la ſomme de

Pour chacune toiſe des Murs de pareille conſtruction de deux pieds & demi d'épaiſſeur, la ſomme de

Pour chacune toiſe des Murs de pareille conſtruction de deux pieds trois quarts d'épaiſſeur, la ſomme de

Pour chacune toiſe des Murs de pareille conſtruction de trois pieds d'épaiſſeur, la ſomme de

Et pour leſdits Murs qui ne ſeront crépis ni enduits de plâtre, la diminution en ſera faite ſuivant l'uſage des legers Ouvrages.

Obſervation.

Et ſera obſervé que lors qu'il y aura de la pierre de taille dans leſdits Murs, la diminution de la ſuperficie d'icelle en ſera faite avec les vuides des bayes, & que ladite pierre de taille ſera payée ſéparement, ſuivant les prix ci-deſſous.

Pour chacune toiſe courante des Aſſiſes de pierres dures de ſaint Cloud, qui ſeront poſées au bas des murs de face & de refends, de quinze pouces d'épaiſſeur, & à deux paremens ſur la hauteur de la pierre, la ſomme de

Pour chacune toiſe, *idem*, de dix-huit pouces d'épaiſſeur, la ſomme de

Pour chacune toiſe, *idem*, de vingt-un pouces d'épaiſſeur, la ſomme de

Pour chacune toiſe, *idem*, de deux pieds d'épaiſſeur, la ſomme de

Pour chacune toiſe, *idem*, de deux pieds & un quart d'épaiſſeur, la ſomme de

Et lorſqu'il n'y aura qu'un parement, il ſera diminué la ſomme de

Pour chacune toiſe courante d'Aſſiſes de Pierres dures de la chauſſée ſur la hauteur, & à deux paremens, de quinze pouces d'épaiſſeur, la ſomme de

Pour chacune toiſe, *idem*, de dix-huit pouces d'épaiſſeur, la ſomme de

Pour chacune toiſe, *idem*, de vingt-un pouces d'épaiſſeur, la ſomme de

Pour chacune toiſe, *idem*, de deux pieds d'épaiſſeur, la ſomme de

Pour chacune toiſe, *idem*, de deux pieds & un quart d'épaiſſeur, la ſomme de

Et lorſqu'il n'y aura qu'un parement, il ſera diminué la ſomme de

Pour chacune toiſe ſuperficielle de Murs en percemens de deux pieds d'épaiſſeur, avec pieds droits ou jambages de portes & croiſées, hourdées en plâtre, enduits en leur pourtour & recouvrement de linteaux & maçonnerie au-deſſus, la ſomme de

Les autres Murs en percemens, de plus ou moins fortes épaiſſeurs, ſeront payez à proportion.

Pour chacune toiſe courante de Murs, de pieds droits, de portes ou croiſées en pierre dure de deux pieds d'épaiſſeur, & dix-huit pouces de large réduit, la ſomme de

Pour chacune toiſe courante de pareils Murs en pierres tendres, de deux pieds d'épaiſſeur, la ſomme de

Les autres Murs, pieds droits de plus ou moins fortes épaiſſeurs, ſeront payez à proportion.

Pour chacune toiſe courante des fermetures des portes & croiſées en pierres dures, de deux pieds d'épaiſſeur, la ſomme de

Et en pierres tendres ſur pareille épaiſſeur, la ſomme de

Et celles qui auront plus ou moins d'épaiſſeur, ſeront payées à proportion.

Pour chacun Seüil & Appui de quatre pieds de long, de quinze pouces de large & ſix pouces d'épaiſſeur, la ſomme de

Les autres Seüils & Appuis à proportion de leur longueur, largeur & épaiſſeur.

Pour chacune toiſe ſuperficielle des parpins de pierres au-deſſous des cloiſons du rez-de-chauſſée de ſept à huit pouces d'épaiſſeur, ſans compter aucun retour, la ſomme de

Pour chacune toiſe ſuperficielle de Marches de pierres dures de la Chauſſée ou de S. Cloud, ornées ſur le devant d'icelles d'architecture, & dégauchies par-deſſous, ſans compter aucunes choſes pour les ſaillies, la ſomme de

Pour chacune toiſe ſuperficielle deſdites Marches, ſans être dégauchies, la ſomme de

Pour chacune toiſe ſuperficielle de Marches de Perrons, la ſomme de

Pour chacune toiſe de Marches de deſcentes de Caves, la ſomme de

Pour chacune toiſe ſuperficielle de pavez de pierre dure, de trois à quatre pouces d'épaiſſeur, la ſomme de

Pour chacune toise, *idem*, de cinq à six poutes d'épaisseur, la somme de

Pour chacune toise superficielle de Murs de clôtures en chaux, y compris la fondation, gobtez des deux côtez à moilons apparens, les chaperons toisez seulement pour un pied, la somme de

Pour chacune toise superficielle de Murs de clôtures avec mortier de terre & chaînes de chaux de trois pieds de longueur, de douze pieds en douze pieds, de milieu en milieu, gobtez en chaux des deux côtez, le chaperon aussi de mortier de chaux & sable, & compté pour un pied seulement, la somme de

Pour chacune toise de Murs de clôtures maçonnez avec mortier de terre, le chaperon toisé comme dessus, & gobtez en chaux des deux côtez, la somme de

Et sans être gobtez de chaux, la somme de

Pour chacune toise superficielle de Murs de clôtures avec vieux moilons de démolition, maçonnez en chaux & gobtez des deux côtez à moilons apparens, le chaperon toisé comme dessus, la somme de

Pour chacune toise de Murs de clôtures avec vieux moilons de démolition, hourdez en terre, gobtez en chaux & sable des deux côtez, & le chaperon toisé comme dessus, la somme de

Pour chacune toise de Murs, Pieds droits & Voûtes d'Aqueducs, sans compter aucuns reins, la somme de

Pour chacune toise courante de Chaînes & Arcs de pierres dures, & piquées par leurs paremens dans lesdits Aqueducs en plus valeur, la somme de

Pour chacune toise superficielle de Pavez de moilons de champ, avec mortier de chaux & sable, la somme de

Pour chacune toise de Pavez de moilons de champ à pierres seiches, la somme de

Pour chacune toise courante de Pierrées avec moilons & mortier de chaux & sable, massif dans le fond de moilon de champ & couvertures de dalles de pierres, la somme de

Pour chacune toise courante de Pierrées, avec couvertures de moilons choisis, & massifs de moilons de champ dans le fond, la somme de

Pour chacune toise courante de Pierrées à pierres seiches, avec massifs & couvertures de moilons, la somme de

Pour chacune toise superficielle de Languettes de brique, de quatre pouces sans enduit, la somme de

Pour celle de six pouces réduit, la somme de

Les Aires de brique posées sur le plat, maçonnées de chaux & sable, la toise superficielle, la somme de

Pour les Murs de Brique de huit pouces d'épaisseur, la somme de

Pour les Murs de brique d'un pied d'épaisseur, la somme de

Et les crépis & enduits de plâtre qui seront faits sur les Ouvrages de Brique, seront payez suivant l'usage des legers Ouvrages.

Pour chacune toise courante de Fermetures de Cheminées, de pierres tendres, de quinze pouces de haut, sans compter aucunes saillies de pierres, ni scellemens de crampons, la somme de

Pour chacune toise superficielle de grand Carreau de terre cuite, la somme de

Pour chacune toise superficielle de petit Carreau de terre cuite, la somme de

Pour chacun grand Carreau en recherche, la somme de

Pour chacun petit Carreau en recherche, la somme de

Pour chacune toise superficielle de gobtages en chaux & sable sur des vieux murs, la somme de

Pour chacune toise de legers Ouvrages en plâtre, toisez aux Uz & Coûtumes de Paris, le Carreau toisé séparement, la somme de

Pour chacune Borne de Pierre dure de quatre pieds & demi de haut, compris le ſcellement, la ſomme de

Pour les autres Bornes plus ou moins hautes & épaiſſes, compris le ſcellement, elles ſeront payées à proportion.

A PARIS,
De l'Imprimerie de JACQUES COLLOMBAT Imprimeur ordinaire du Roy, & des Bâtimens, Arts & Manufactures de Sa Majeſté, ruë S. Jacques, au Pelican. 1721.

DEVIS
ET CONDITIONS

Des Ouvrages de Maçonnerie pour les réparations & changemens qu'il conviendra faire dans les Maisons Royales & autres appartenantes au Roy à Fontainebleau, & dépendances; dressé, suivant les Ordres de Monseigneur LE DUC D'ANTIN Pair de France, &c. Surintendant & Ordonnateur general des Bâtimens, Jardins, Arts & Manufactures de Sa Majesté, par Monsieur DE COTTE, Chevalier de l'Ordre de saint Michel, Conseiller du Roy, premier Architecte & Intendant des Bâtimens de Sa Majesté.

Qualitez des Materiaux qui seront employez ausdites Réparations, Bâtimens & Changemens.

LES Mortiers seront composez d'un tiers de la meilleure chaux du pays, & les deux autres tiers du meilleur sable qui s'employe ordinairement, bien broyez & incorporez ensemble. Mortiers.

Les Moilons seront durs, & de la meilleure qualité qui s'employent ordinairement audit lieu, ébouzinez, essemillez, & posez sur leur plat, en bonnes liaisons, ou sur leur champ, suivant que la qualité de l'Ouvrage pourra le requerir. Moilons.

Les Grais qui s'employeront seront des Carrieres ordinaires de Montchauvet, blancs sans bouzin, & les Pierres tendres de S. Leu, le tout sans fils ny moyes qui les traversent ni qui paroissent, à six pouces prés des paremens. Les Grais seront proprement piquez, & les Pierres tendres layées & repassées au fer, posées en liaison de Grais.

C

sept, huit à neuf pouces, tant en leur lit qu'en leur joint, coulées, fichées & jointoyées avec mortier des qualitez susdites.

Coins de Grais. Les Coins de Grais qui seront employez seront de Grais dur, & des longueurs ordinaires, de vingt-deux à vingt-quatre pouces, sur six pouces en quarré.

Plâtres. Les Plâtres seront des Carrieres de Momust & d'autour de Paris, bien cuits.

Briques. Toutes les Briques seront de la meilleure qualité qui s'employe ordinairement, posées en bonne liaison, maçonnées avec mortier de chaux & sable, ou Plâtre pur s'il est besoin.

Carreaux. Les Carreaux de terre cuite, tant grands que petits, seront à six pans, de Melun & de bonnes qualitez, posez en Plâtre pur & bien de niveau.

Lattes. Les Lattes seront de cœur de chêne sans aubiers, posées en liaisons, & cloüées sur chacune solive, poteaux & chevrons.

CONSTRUCTION.

Foüilles & Vuidanges des terres. Seront faites la Foüille & Vuidange des terres pour les Caves & Fosses d'Aisances, Tranchées & Rigolles pour la fondation des Murs, jusques sur le bon & solide fonds, conduites de niveau ou par redans.

Murs en fondations. Les Murs en fondation seront levez entre deux lignes, & non bloquez contre les terres.

Murs en fondations & massifs. Seront faits tous les Murs en fondations & massifs, avec moilons & mortiers des qualitez susdites, lesquels seront toisez & reduits en cube.

Voûtes & fosses d'aisances. Les Voûtes des Caves & Fosses d'aisances seront faites en plein ceintre, construites avec moilons bien gisans, ou tablettes de Grais, suivant que la necessité le requerera, posées sur le plat, en coupe, en bonnes liaisons, hourdées de mortier ordinaire, recouvert d'un enduit de mortier blanc, observant que lesdites Voûtes ayent au moins quinze pouces d'épaisseur à la clef; les Reins seront remplis avec moilons & mortier de chaux & sable, arrazez de niveau d'aprés le couronnement desdites voûtes.

Chaînes & Coins de Grais. Les Chaînes de Coins de Grais qui seront mises aux murs dans les Caves, seront de deux coins en parement, & deux en boutisses alternativement les unes sur les autres, observant que ceux en parement seront aussi doubles sur l'épaisseur, & se continueront lesdites Chaînes dans les Arcs s'il est jugé necessaire.

Murs de face. Les Murs de face & de refends au-dessus des fondations de toutes sortes d'épaisseurs, soit par reprises ou autrement, seront construits de Moilons & Coins de Grais suivant l'usage du pays, posez en bonne liaison, maçonnez avec mortier des qualitez susdites.

Et si l'on fait des Pieds droits de Grais aux Portes & Croisées, jusqu'à deux pieds d'épaisseur, tous les Grais seront parpin, posez en liaison les uns sur les autres; les premieres assises auront dix-huit à vingt pouces de tête, celles au-dessus quatorze à quinze pouces, & alternativement jusques sous les fermetures. Les claveaux desdites fermetures de même, le tout bien fiché, coulé & jointoyé.

Percemens & Ouvertures des portes & croisées.

Seront faits les percemens & ouvertures des Portes, Croisées & autres de toutes sortes d'épaisseurs; les pieds droits seront construits de Coins de Grais, maçonnez avec mortier comme dessus, crépis, enduits de plâtre ou mortier blanc, & les linteaux avec un latti recouvert d'un crépi & enduit de plâtre; & en cas qu'il soit employé du Grais piqué, il sera payé séparement.

Parpins.

Les Parpins sous les Cloisons & pans de bois seront faits de Grais, de sept à huit pouces d'épaisseur, & au moins de douze pouces de hauteur.

Marches des perrons, escaliers, & descentes de caves.

Les Marches des Perrons en dehors, Escaliers & descentes de Caves seront faites de Grais des qualitez ci-devant dites, celles des escaliers des hauteurs, largeurs de giron, qui seront reglées d'une seule piece, ornées sur le devant d'une astragalle, observant les portées dans les murs, & trois pouces de recouvrement l'une sur l'autre, & dégauchies par-dessous lors qu'il sera ordonné, les autres marches qui ne seront point dégauchies seront faites sans aucun démaigrissement ni diminution de l'épaisseur par-dessous.

Mêmes Marches.

Les Marches des Perrons seront de mêmes qualitez en largeurs & hauteurs ci-dessus reglées, & seront des plus longs morceaux que faire se pourra, lesquelles ne pourront être moindres que de trois à quatre pieds de longueur.

Marches des descentes de caves.

Les Marches de descentes de Caves seront aussi des mêmes qualitez & façons de celles ci-dessus, des longueurs necessaires & d'une seule pierre, toutes lesquelles marches seront proprement piquées & posées de niveau.

Murs de clôtures avec moilons.

Seront faits les Murs de clôtures; Sçavoir, ceux avec moilons & mortier de chaux & sable, & Chaînes de Coins de Grais, de neuf pieds en neuf pieds, lesquels auront deux pieds d'épaisseur en fondation, au-dessus de laquelle sera faite une retraite de deux pouces de chacun côté, pour avoir vingt pouces d'épaisseur au rez-de-chaussée, élevez avec fruit, & reduit à dix-huit pouces d'épaisseur au-dessous du chaperon, lequel sera construit d'un rang de Tablettes de grais, posées sur le plat, saillantes des deux côtez, avec un adoucissement de moilons au-dessus; lesdits murs seront gobtez avec mortier de chaux & sable, à moilons apparens.

Mêmes murs.

Les Murs de clôtures qui seront faits avec moilons & mortier de tuf, auront des Chaînes de Coins de grais, de neuf pieds en neuf pieds, maçonnez avec mortier de chaux & sable aussi-bien que le chaperon; lesdits murs gobtez en chaux à moilon apparent des deux côtez, & seront de pareille épaisseur que ceux ci-dessus.

Murs de clôtures sãs Chaînes. Les Murs de clôtures sans chaînes, construits seulement de moilons maçonnez avec mortier de tuf, seront de pareilles épaisseurs que ceux ci-dessus, & gobtez des deux côtez avec mortier de chaux & sable à moilon apparent, observant que dans tous lesdits murs, au-dessus des fondations, sera mis des Coins de Grais ou des moilons de trois pieds en trois pieds qui feront le parpin des murs.

Aqueducs. Tous les Aqueducs qu'il conviendra faire seront des hauteurs & largeurs qui seront reglées, dont les murs auront au moins dix-huit pouces d'épaisseur, construits avec Coins aux paremens interieurs, & le reste d'épaisseur de moilons & mortier de chaux & sable.

Voûtes. Les Voûtes seront fermées en plein ceintre, autant que faire se pourra, avec Tablettes de grais posées en coupe, & ne pourront avoir moins de douze à treize pouces d'épaisseur à la clef. Lesdites Voûtes seront toisées dans leur pourtour par le milieu de l'épaisseur, & l'Entrepreneur fera la fouille & transport des terres, dans toute la largeur & hauteur desdits Aqueducs, jusqu'au couronnement de la Voûte, sans qu'il en puisse prétendre aucune somme que ce qui sera convenu pour chacune toise superficielle desdits Murs & Voûtes; & la fouille excedante sera payée séparement, y compris le remblay.

Et lorsqu'il sera mis des Chaînes & Arcs ausdits Aqueducs, elles seront construites avec Grais dur, chaque pierre faisant le parpin des Murs & Voûtes, & auront deux pieds & quinze pouces de tête alternativement, piquez proprement par leurs paremens interieurs, & seront payez à l'Entrepreneur en plus valeur.

Fonds des Aqueducs. Les fonds desdits Aqueducs seront pavez de grais à l'ordinaire de cinq à six pouces d'épaisseur, employez avec mortier de chaux & ciment, observant les ruisseaux & pentes necessaires.

Pierrées. Seront faites les Pierrées d'un pied de vuide, dont les pieds droits seront construits avec Coins d'un pied d'épaisseur, & de dix-huit pouces au moins de haut, sur un massif de moilons posez de champ, de neuf pouces d'épaisseur, le tout maçonné avec mortier de chaux & sable; lesdites Pierrées seront couvertes de Tablettes de grais de quatre à cinq pouces d'épaisseur, & de vingt pouces au moins de long, pour avoir quatre pouces de portées sur chacun mur, observant de les bien joindre pour qu'il ne puisse entrer ni sable ni terre dans lesdites Pierrées. L'Entrepreneur sera obligé de faire la fouille & transport jusqu'à trois pieds de profondeur, qui sera comprise dans le prix de la toise courante; & si la fouille excede, elle luy sera payée séparement, y compris le remblay.

Ouvrages de brique. Seront faits tous les Ouvrages en Brique, comme Jambages, Languettes, Souches de Cheminées, Contre-cœurs, Potagers, Murs & Aires, lesquels seront posez en bonnes liaisons tant en lit qu'en joint, & seront maçonnez avec mortier de chaux & sable, ou en plâtre, si besoin est.

Et lorsqu'il sera fait des fermetures de pierres au-dessus des Cheminées, elles seront construites de pierres de S. Leu ou Grais, ornées suivant les hauteurs qui seront marquées. Fermetures de pierres.

LEGERS OUVRAGES.

Les Tuyaux & Souches de Cheminées seront faits avec Brique de quatre pouces d'épaisseur, bien posez en liaisons avec mortier de chaux & sable, & seront crépies & enduites des deux côtez de mortier blanc, observant les plintes & ornemens aux fermetures. Tuyaux & Souches de cheminées.

Les Planchers creux seront lattez à lattes jointives sur les solives, avec une aire de plâtre pur de deux à trois pouces d'épaisseur, mis de niveau pour recevoir le carreau, & les entre-voux seront enduits par-dessous entre les solives quand elles seront apparentes. Planchers.

Les autres Planchers creux seront lattez par-dessous à lattes jointives, crépis & enduits de plâtre. Planchers creux.

Les Planchers hourdez pleins seront faits avec plâtre & plâtras, & enduits d'après les solives : ceux qui seront recouverts, seront lattez de quatre pouces en quatre pouces, crépis & enduits. Planchers hourdez.

Les Cloisons pleines seront hourdées avec plâtre & plâtras, enduits d'après les poteaux : celles qui seront recouvertes seront lattées de quatre pouces en quatre pouces, crépies & enduites. Cloisons pleines.

Les Cloisons qui porteront à faux seront creuses & lattées de lattes jointives des deux côtez, crépies & enduites de plâtre. Cloisons qui portent à faux.

Les Cloisons de planches de bateau seront plaquées dans les entre-voux avec plâtre pur, lattées de quatre pouces en quatre pouces, & recouvertes de plâtre des deux côtez. Cloisons de planches de bateau.

Toutes les Corniches de plâtre au pourtour des plafonds & manteaux de cheminées, & toutes les autres saillies d'Architecture, seront faites suivant les profils qui en seront donnez. Corniches de plâtre.

Seront faits les Lambris rampans à lattes jointives, recouverts d'un crépi & enduit de plâtre. Lambris.

Les Recouvremens des bois des Combles seront faits avec un latti de quatre pouces en quatre pouces, recouverts aussi de plâtre. Recouvrement.

Les Exhaussemens des chevrons au-dessus des entablemens, les scellemens necessaires, tant de Charpenteries, Menuiseries & Fers qu'autres, & generalement tous les autres legers Ouvrages, seront faits en plâtre. Exhaussement.

Les Chausses d'aisances seront faites avec boisseaux de terre cuite, de neuf à dix pouces de diametre, bien plombez, emboëtez les uns dans les autres, posez à plomb avec un hourdi de plâtre de trois pouces d'épaisseur au pourtour, & enduit de plâtre par-dessus, observant les sieges & vantouses aux endroits necessaires. Chausses d'aisances.

Bornes. Seront faites les Bornes de Grais de quatre pieds & demy de haut compris ce qui sera enterré, arrondies ou à pans, taillées & piquées proprement, posées sur un massif de mortier de chaux & sable, ou de plâtre, de deux pieds en quarrez.

Seüils & Appuis. Les Seüils & Appuis seront aussi de Grais posez de niveau, observant le devers pour l'écoulement des eaux.

Tous lesquels Ouvrages seront bien & duëment faits & parfaits suivant l'art de bâtir, & au desir du present Devis. Les Entrepreneurs fourniront tous les materiaux, équipages, échafaudages, peines d'Ouvriers, & tout ce qui conviendra pour l'entiere perfection d'iceux, enleveront les gravoirs aux champs, & rendront place nette, moyennant les prix & sommes ci-après declarez.

SCAVOIR,

Pour chacune toise cube de foüille & transport des terres des Caves, fosses d'aisances & autres, la somme de

Pour chacune toise cube des foüilles, excedantes des Aqueducs & Pierrées, y compris le remblay, la somme de

Pour chacune toise cube des Murs en fondation & massifs, construits de moilons, de mortier de chaux & sable, y compris la foüille des terres, la somme de

Pour chacune toise superficielle des Voûtes de Caves, les reins compris, la somme de

Pour chacune toise superficielle des Murs de face & de refends, d'un pied d'épaisseur, construits avec moilons & mortier de chaux & sable, y compris les Coins, crépis & enduits des deux côtez, tant plein que vuide, la somme de

Pour chacune toise de Murs de pareille construction de quinze pouces d'épaisseur, la somme de

Pour chacune toise de Murs de pareille construction de dix-huit pouces d'épaisseur, la somme de

Pour chacune toise de Murs de pareille construction de vingt-un pouces d'épaisseur, la somme de

Pour chacune toise de Murs de pareille construction de deux pieds d'épaisseur, la somme de

Pour chacune toise de Murs de pareille construction de deux pieds un quart d'épaisseur, la somme de

Pour chacune toise de Murs de pareille construction de deux pieds & demi d'épaisseur, la somme de

Pour chacune toise de Murs de pareille construction de deux pieds trois quarts d'épaisseur, la somme de

Pour chacune toise de Murs de pareille construction de trois pieds d'épaisseur, la somme de

Et pour les Murs qui ne seront crépis ni enduits de plâtre, la diminution en sera faite suivant l'usage des legers Ouvrages.

Et sera observé, lorsqu'il y aura de la Graiserie dans lesdits murs, que la diminution de la superficie d'icelle en sera faite avec les vuides des bayes, & que ladite Graiserie sera payée séparement, suivant les prix ci-dessous.

SÇAVOIR,

Pour chacune toise courante des Assises de Grais, qui seront posées au bas des murs de faces & de refends, de quinze pouces d'épaisseur, sur un pied de haut & à deux paremens, la somme de

Pour chacune toise, *idem*, de dix-huit pouces d'épaisseur, la somme de

Pour chacune toise, *idem*, de vingt-un pouces d'épaisseur, la somme de

Pour chacune toise, *idem*, de deux pieds d'épaisseur, la somme de

Pour chacune toise, *idem*, de deux pieds un quart d'épaisseur, la somme de

Pour chacune toise, *idem*, de deux pieds & demi d'épaisseur, la somme de

Et lorsqu'il n'y aura qu'un parement, il sera diminué la somme de

Pour chacune toise superficielle de Murs en percemens de deux pieds d'épaisseur, avec pieds droits ou jambages de portes & croiſées, hourdées en plâtre, enduits en leur pourtour, recouvrement des linteaux & maçonnerie au-deſſus, la ſomme de

Les autres Murs en percemens, de plus ou moins fortes épaiſſeurs, ſeront payez à proportion.

Pour chacune toiſe courante de pieds droits, de portes ou croiſées de Graiſerie de deux pieds d'épaiſſeur, & de dix-huit pouces de large réduit, la ſomme de

Pour chacune toiſe des Fermetures des portes & croiſées en Grais de pareilles épaiſſeurs, la ſomme de

Les autres pieds droits & Fermetures, de plus ou moins fortes épaiſſeurs, ſeront payez à proportion.

Pour chacun Seüil & Appui de quatre pieds de long, de quinze pouces de large & ſix pouces d'épaiſſeur, la ſomme de

Les autres Seüils & Appuis à proportion de leur longueur, largeur & épaiſſeur.

Pour chacune toiſe ſuperficielle des parpins de grais ſous les cloiſons du rez-de-chauſſée, de ſept à huit pouces d'épaiſſeur, ſans compter aucun retour, la ſomme de

Pour chacune toiſe ſuperficielle de Marches ornées d'architecture, & dégauchies par-deſſous, ſans compter de ſaillies, la ſomme de

Pour chacune toiſe ſuperficielle deſdites Marches, ſans architecture ni dégauchiſſement, tant des Eſcaliers que des Perrons, la ſomme de

Pour chacune toiſe ſuperficielle de Marches des deſcentes de Caves, la ſomme de

Pour chacune toiſe ſuperficielle de Murs de clôtures en chaux, y compris les chaînes & la fondation, gobtez des deux côtez à moilons apparens, les chaperons toiſez ſeulement pour un pied, la ſomme de

Pour chacune toiſe ſuperficielle de Murs de clôtures avec chaînes & mortier de tuf, gobtez en chaux des deux côtez à moilon apparent, le chaperon & chaîne auſſi en mortier de chaux & ſable, toiſé comme deſſus, la ſomme de

Pour chacune toiſe ſuperficielle de Murs de clôtures avec mortier de tuf, sans chaînes ni gobtez, la somme de

Pour chacune toise superficielle de Murs de clôtures en vieux moilons de démolition, maçonnez en chaux, gobtez des deux côtez à moilons apparens, le chaperon toisé comme dessus, la somme de

Pour chacune toise de Murs de clôtures en vieux moilons de démolition, maçonnez en tuf, gobtez en chaux & sable des deux côtez avec le chaperon, toisé comme dessus, la somme de

Pour chacune toise de Murs, Pieds droits & Voûtes d'Aqueducs, sans compter aucuns reins, la somme de

Pour chacune toise courante des Chaînes & Arcs de Graiserie, piquez par leurs paremens dans lesdits Aqueducs en plus valeur, la somme de

Pour chacune toise cube de Pavez de moilons de champ ou massif sous lesdits Murs, la somme de

Pour chacune toise courante de Pierrées avec moilons, coins & mortier de chaux & sable, massif dans le fond de moilon de champ & couvertes de tablettes de grais, la somme de

Pour chacune toise superficielle de tous les Ouvrages de brique de quatre pouces d'épaisseur, les joints faits à la maniere du pays, la somme de

Et les autres de plus fortes ou de moindres épaisseurs, seront payées à proportion.

Et les crépis & enduits de plâtre ou de mortier blanc qui seront faits sur les Ouvrages de Brique, seront payez en legers Ouvrages selon l'usage.

Pour chacune toise superficielle de grand Carreau de terre cuite, la somme de

Pour chacune toise superficielle de petit Carreau, la somme de

Pour chacun grand Carreau en recherche, la somme de

Pour chacun petit Carreau en recherche, la somme de

Pour chacune toise superficielle de crépis & enduits de chaux & sable sur les vieux murs, la somme de

Pour chacune toise de legers Ouvrages en plâtre, toisez aux Uz & Coûtumes de Paris, le Carreau toisé séparement, la somme de

Pour chacune Borne de Grais de quatre pieds & demi de haut, compris le massif & scellement, la somme de

Pour les autres Bornes plus ou moins hautes & épaisses, compris le scellement comme dessus, elles seront payées à proportion.

A PARIS,
De l'Imprimerie de JACQUES COLLOMBAT Imprimeur ordinaire du Roy, & des Bâtimens, Arts & Manufactures de Sa Majesté, ruë S. Jacques, au Pelican. 1721.

DEVIS
ET CONDITIONS

Des Ouvrages de Charpenterie qu'il conviendra faire pour les Bâtimens du Roy, Maisons Royales, & autres appartenantes à Sa Majesté, tant à Paris, Versailles & ses dépendances, qu'à Marly, Meudon, S. Germain & Fontainebleau; dressé, suivant l'ordre de Monseigneur LE DUC D'ANTIN Pair de France, &c. Surintendant & Ordonnateur general des Bâtimens, Jardins, Arts & Manufactures de Sa Majesté, par Monsieur DE COTTE, Chevalier de l'Ordre de saint Michel, Conseiller du Roy, premier Architecte & Intendant desdits Bâtimens de Sa Majesté.

PREMIEREMENT.

TOUS les Bois seront de Chêne, loyaux & marchands, sains, nets, sans nœuds vicieux, & seront bien assemblez à tenons & mortaises chevillez, le tout suivant l'art de Charpenterie.

Les Planchers seront faits bien de niveau par-dessous. Toutes les solives seront posées sur le champ, à la reserve des solives des entresols qui seront posées sur le plat, & seront espacées de six pouces d'entre-voux pour les solives de sciage, les autres solives de Brin de sept ou huit pouces d'entre-voux, à proportion de leurs grosseurs, & seront observez les enchevestrures, chevestres pour les passages des tuyaux de cheminées, linceoirs, & autres passages qu'il conviendra; les Poûtres & Solives auront leurs portées suffisantes.

Les Sablieres qui seront necessaires contre les murs pour porter les solives, seront des longueurs & grosseurs à proportion des planchers, entaillées pour l'épaisseur des corbeaux ; & délardées pour la saillie des Corniches.

Tous les Pans de Bois & Cloisons qui porteront planchers & autres de séparations, seront garnis de sablieres, entre-toises, décharges, poteaux espacez de dix pouces d'entre-voux, & seront observées les bayes des portes & croisées necessaires qui seront marquées par les plans avec linteaux, appuis & potelets.

Seront faits tous les Combles, tant ceux qui seront brisez que les autres, à deux égouts & en appentis avec leurs assemblages de fermes, demies fermes, jambes de forces, liens, entraits, poinçons, faîtes & sous-faîtes, nouës, éretiers, pannes de brezils, & autres pannes, chevrons, coyaux, lucarnes droites, bombées & ceintrées, & tout ce qui sera necessaire, suivant les plans & mesures qui en seront donnez.

Seront posées des plattes-formes sur les murs, assemblées à queuë d'hironde, où seront marquez les pas des chevrons, lesquels chevrons seront brandis sur les pannes, & couronnez par le faîte, espacez de quatre à la latte, & les coyaux seront droits ou ceintrez, bien attachez sur lesdits chevrons.

Seront faits tous les Escaliers avec limon, droits ou ceintrez; les marches des palliers & autres, le tout raboté & carderonné.

Les Barrieres seront faites avec poteaux, espacées suivant la longueur des travées & des lisses, le tout de bois bien refait de toutes les faces, & carderonnez sur l'éreste lorsqu'il sera ordonné.

Seront faites les Mangeoires des Ecuries, Rateliers, avec bois bien dressé & raboté, les Rateliers garnis de roulons tournez, les piliers d'Ecuries aussi tournez.

Grosseurs des Bois mis en œuvre.

POUTRES.

Celles de douze pieds auront douze pouces de gros.
Jusqu'à quinze pieds, de douze & treize pouces de gros.
Jusqu'à dix-huit pieds, de treize & quatorze pouces.
Jusqu'à vingt-un pieds, de quatorze & quinze pouces.
Jusqu'à vingt-quatre pieds, de quinze & seize pouces.
Jusqu'à vingt-sept pieds, de seize & dix-sept pouces.
Jusqu'à trente pieds, de dix-sept & dix-huit pouces.
Jusqu'à trente-trois pieds, de dix-huit & dix-neuf pouces.
Jusqu'à trente-six pieds, de dix-neuf & vingt pouces.

SOLIVES DE SCIAGES.

Celles jusques & compris neuf pieds de long, de quatre & six pouces de gros.

Et les solives d'encheveſtrures, de cinq & sept pouces.

Jusqu'à douze pieds de long, de cinq & sept pouces, les enchevestrures de six & sept pouces.

Celles de quinze pieds, de six & sept pouces, les enchevestrures de sept & huit pouces.

SOLIVES DE BRIN.

Celles jusqu'à dix-huit pieds de long, de sept & huit pouces, les enchevestrures de huit & neuf pouces.

Jusqu'à vingt-un pieds, de huit à neuf pouces, les enchevestrures de dix à onze pouces.

Jusqu'à vingt-quatre pieds, de neuf à dix pouces, les enchevestrures de onze à douze pouces.

Jusqu'à vingt-sept pieds, de onze à douze pouces, les enchevestrures de treize à quatorze pouces.

Celles jusqu'à trente pieds, de douze à treize pouces, les enchevestrures de treize à quatorze pouces.

Pans de bois & Cloisons qui portent planchers.

Tous les Poteaux seront de cinq & sept pouces, espacez de dix pouces d'entre-voux, les sablieres par bas de même grosseur, celles d'en-haut recevans la portée des solives de huit & dix pouces de gros posées sur le plat, les décharges de cinq & dix pouces, les poteaux cormiers à proportion de leurs hauteurs, & les autres sablieres au droit des entablemens seront de neuf & dix pouces; tous lesdits Poteaux seront ruillez & tamponnez si besoin est.

Les Cloisons qui porteront à faux sur les Planchers, les Sablieres, Poteaux & Entre-toises, si besoin est, seront de quatre à six pouces ou de tiers poteaux, suivant les ordres qui seront donnez, espacées comme dessus.

Les autres Cloisons de planches de chêne de bateau, seront espacées de trois pouces d'entre-voux, avec coulisses & huisseries des portes, de chevrons de trois & quatre pouces.

COMBLES.

Les Plates-formes sur les murs, & celles pour retenir les jambes de forces, auront trois & dix pouces de gros, assemblées à queuës d'hironde.

Les Entraits ou Tirans qui porteront planchers, seront des grosseurs ci-après déclarées, SÇAVOIR :

Ceux de douze pieds de longueur, auront neuf à dix pouces de gros

Ceux de pareille longueur qui ne porteront point plancher, de huit à neuf pouces.

Ceux jusqu'à quinze pieds, de dix & onze pouces.
Et sans planchers, de huit & neuf pouces.
Jusqu'à dix-huit pieds, de douze pouces.
Et sans planchers, de neuf & dix pouces.
Jusqu'à vingt-un pieds, de douze & treize pouces.
Et sans planchers, de onze pouces.
Jusqu'à vingt-quatre pieds, de treize & quatorze pouces.
Et sans planchers, de douze pouces.
Jusqu'à vingt-sept pieds, de quatorze & quinze pouces.
Et sans planchers, de douze & treize pouces.
Jusqu'à trente pieds, de quinze & seize pouces.
Et sans planchers, de treize & quatorze pouces.
Jusqu'à trente-trois pieds, de seize & dix-sept pouces.
Et sans planchers, de quatorze & quinze pouces.
Jusqu'à trente-six pieds, de dix-sept & dix-huit pouces.
Et sans planchers, de quinze & seize pouces.

JAMBES DE FORCES.

Celles de six pieds de longueur, de six & sept pouces de gros.
De neuf pieds, de sept & huit.
Jusqu'à douze pieds, de huit & neuf.
Jusqu'à quinze pieds, de neuf & dix.
Les Esseliers & Liens à proportion.

LES ARBALESTRIERS.

Jusqu'à neuf pieds de longueur, de cinq & sept pouces de gros.
Jusqu'à douze pieds, de six & sept.
Jusqu'à quinze pieds, de sept & huit.
Jusqu'à dix-huit pieds, de huit & neuf.

POINCONS.

Ceux de neuf pieds de longueur, de cinq & sept pouces.
Jusqu'à douze pieds, de sept & huit.
Jusqu'à quinze pieds, de huit & neuf.

PANNES.

Celles de neuf pieds & de douze pieds de longueur, de cinq & sept pouces de gros.

Jusqu'à quinze pieds, de six & huit, ou de sept & huit.

Les Chevrons seront de quatre pouces de gros.

Les Coyaux de trois & quatre pouces.

Les Bois des Lucarnes seront des longueurs & grosseurs necessaires, & qui seront marquées.

LES NOUES.

Celles de six pieds de longueur, de sept & huit pouces de gros.
Jusqu'à neuf pieds, de huit & neuf.
Jusqu'à douze pieds, de neuf & dix.
Jusqu'à quinze pieds, de dix & onze.
Jusqu'à dix-huit pieds, de onze & douze.

ARRESTIERS.

Ceux de neuf pieds, de cinq & sept pouces.
Jusqu'à douze pieds, de six & sept pouces.
Jusqu'à quinze pieds, de sept & huit.
Jusqu'à dix-huit pieds, de sept & huit.

FAISTES ET SOUS-FAISTES.

Ceux de neuf pieds, de quatre & six pouces.
Ceux de douze pieds, de cinq & sept pouces.
Ceux de quinze pieds, de six & sept pouces.

MANGEOIRES.

Les devants des Auges, de quatre & quinze.

Les fonds, de trois & douze pouces dans les Ecuries ordinaires, & de quatre & quinze pouces dans les Ecuries du Roy.

Les Poteaux des Mangeoires, de cinq & neuf pouces.

Les Racineaux, de cinq & sept.

Les Rateliers de chevrons, de quatre pouces, garnis de roulons tournez.

Les Poteaux des Ecuries seront de bois de six pouces, tournez avec têtes rondes par haut, assemblez dans des soüillards par bas.

Les Entrepreneurs ne pourront exceder les grosseurs portées par le present Devis pour quelque raison que ce puisse être, sans un ordre par écrit de M. de COTTE, ou du Contrôleur sous le département duquel les Ouvrages se feront, à peine de n'en être point payez.

Pour la construction desdits Ouvrages, l'Entrepreneur fournira tous les bois, peines d'Ouvriers, utensiles, équipages, voitures, droits, & toutes choses generalement quelconques, pour rendre lesdits Ouvrages bien & duëment faits & parfaits, au desir du present Devis, & suivant les Plans & Desseins qui luy seront donnez.

SCAVOIR,

Pour chacun cent de bois de Combles, Pans de bois, Cloisons,

Escaliers, Solives & Poûtres, jusques & compris la longueur de dix-huit pieds, toisez des longueurs & grosseurs mises en œuvre.

Pour Paris, la somme de ——— Bon — 650 ₶

Pour Versailles, la somme de

Pour Marly, la somme de

Pour Meudon, la somme de

Pour S. Germain, la somme de

Et pour Fontainebleau, la somme de

Pour chacun cent de Bois au-dessus de la longueur, de dix-huit pieds jusques & compris vingt-sept pieds, y compris les poûtres, toisez comme dessus, des grosseurs & longueurs mises en œuvre.

Pour Paris, la somme de ——— Bon — 650 ₶

Pour Versailles, la somme de

Pour Marly, la somme de

Pour Meudon, la somme de

Pour S. Germain, la somme de

Et pour Fontainebleau, la somme de

Pour chacun cent de Bois au-dessus de la longueur, de vingt-sept pieds jusques & compris trente-six pieds, s'il étoit besoin, des grosseurs convenables & proportionnées à leurs longueurs, si fortes qu'elles puissent être, y compris les poûtres & toisez, comme dessus.

Pour Paris, la somme de ——— Bon — 650 ₶

Pour Versailles, la somme de

Pour Marly, la somme de

Pour Meudon, la somme de

Pour S. Germain, la somme de

Et pour Fontainebleau, la somme de

Pour chacun cent de vieux Bois remployez & mis en œuvre, y compris la démolition, la somme de ——— Bon 120 ₶

Les autres vieux Bois qui seront démolis, & qui ne seront pas remployez, seront donnez en compte à l'Entrepreneur pour prix & somme de 400# pour chacun cent. —— bon 400#

Pour chacun cent de Bois pour les Planchers qui seront à bois apparens, tant Poûtres que Solives qui seront rabotées & carderonnées.

Pour Paris, la somme de —— bon 850#

Pour Versailles, la somme de

Pour Marly, la somme de

Pour Meudon, la somme de

Pour S. Germain, la somme de

Et pour Fontainebleau, la somme de

Et à l'égard des Poûtres qui seront mises par sous-œuvre aux Planchers dont le Charpentier n'aura pas fourni les solives, elles seront payées suivant les prix ci-après déclarez; les Etayemens & Chevalemens payez comme vieux bois remployez.

SCAVOIR,

Pour une Poûtre de douze pieds & douze pouces de gros, ou environ.

Pour Paris, la somme de —— bon 30#

Pour Versailles, la somme de

Pour Marly, la somme de

Pour Meudon, la somme de

Pour S. Germain, la somme de

Et pour Fontainebleau, la somme de

Jusqu'à quinze pieds, de douze & treize pouces de gros, ou environ.

Pour Paris, la somme de —— bon 40#

Pour Versailles, la somme de

Pour Marly, la somme de

Pour Meudon, la somme de

Pour S. Germain, la somme de

Et pour Fontainebleau, la somme de

Jusqu'à dix-huit pieds, de treize & quatorze pouces de gros, ou environ.

Pour Paris, la somme de ~~bon~~ 70#

Pour Versailles, la somme de

Pour Marly, la somme de

Pour Meudon, la somme de

Pour S. Germain, la somme de

Et pour Fontainebleau, la somme de

Jusqu'à vingt-un pieds, de quatorze & quinze pouces de gros, ou environ.

Pour Paris, la somme de bon 85#

Pour Versailles, la somme de

Pour Marly, la somme de

Pour Meudon, la somme de

Pour S. Germain, la somme de

Et pour Fontainebleau, la somme de

Jusqu'à vingt-quatre pieds, de quinze & seize pouces, ou environ.

Pour Paris, la somme de bon 180#

Pour Versailles, la somme de

Pour Marly, la somme de

Pour Meudon, la somme de

Pour S. Germain, la somme de

Et pour Fontainebleau, la somme de

Jusqu'à vingt-sept pieds, de dix-sept & dix-huit pouces de gros, ou environ.

Pour Paris, la somme de bon 335

Pour Versailles, la somme de

Pour Marly, la somme de

Pour Meudon, la somme de

Et pour Fontainebleau, la somme de

Jusqu'à trente pieds, de dix-sept & dix-huit pouces, ou environ. 440#

Jusqu'à trente-trois pieds, de dix-huit & dix-neuf pouces, ou environ. bon 520

Jusqu'à trente-six pieds, de dix-neuf & vingt pouces, ou environ. 650

adjugé pour paris a Gaucher, Laudrie et qui avoins signé le Duc Daubin

DEVIS ET CONDITIONS

Des Ouvrages de Couvertures qu'il conviendra faire pour les Bâtimens du Roy, Maisons Royales, & autres appartenantes à Sa Majesté, tant à Paris, Versailles, Marly, Saint Germain, Meudon & leurs dépendances, qu'à Fontainebleau & ses dépendances; dressé, suivant les ordres de Monseigneur LE DUC D'ANTIN Pair de France, &c. Surintendant & Ordonnateur general des Bâtimens, Jardins, Arts & Manufactures de Sa Majesté, par Monsieur DE COTTE Chevalier de l'Ordre de saint Michel, Conseiller du Roy, premier Architecte & Intendant desdits Bâtimens de Sa Majesté.

PREMIEREMENT.

TOUTES les Lattes & contre-Lattes seront de cœur de bois de Chêne bien sains, sans aubiers ni pourriture, posées en bonnes liaisons, à un pouce ou un pouce & demi de distance les unes des autres, attachées avec deux clous sur chacun chevron pour la latte à ardoise, & avec un clou pour la latte à tuile. Lattes.

Les Ardoises seront de la quarrée forte des pierrieres d'Angers, de la meilleure qualité, attachées avec deux clous, & posées en bonnes liaisons, & de quatre pouces d'épureau. Ardoises.

E

Tuiles. Les Tuiles, tant de grand moule, moule bâtard, que petit moule, seront de meilleures qualitez qui s'employent sur les lieux, posées aussi en bonnes liaisons, & de quatre pouces d'épureau pour le grand moule & moule bâtard, & trois pouces pour le petit moule. Les Faîtieres seront aussi de bonnes qualitez, & posées à bain de plâtre à un pouce & demi de distance les unes des autres.

Plâtres sur les couvertures. Seront faits tous les Plâtres desdites couvertures, comme Solins, Ruillées, Pentes, Battellemens, Eretiers, Faîtieres, & generalement tous les Plâtres necessaires pour lesdites couvertures.

Egoûts doubles ou simples. Les Egoûts seront doubles ou simples, suivant la necessité & pente des Combles: les Tuiles desdits Egoûts seront scellées en plâtre, & posées en liaisons les unes sur les autres, & noircies par-dessous, aux combles qui seront couvertes d'ardoises.

Goutieres. Les Goutieres de bois seront aussi de bois de Chêne sans aubiers, & scellées en plâtre.

Ardoises & tuiles vieilles. Et à l'égard de l'Ardoise & Tuiles vieilles qui seront employées sur lesdites couvertures, elles seront posées sur un latti neuf des qualitez expliquées ci-dessus.

L'Entrepreneur ne pourra faire aucune démolition sur les combles couvertes d'Ardoises pour les passages des tuyaux de cheminées, lucarnes faites après coup & autres, sans qu'il en soit fait auparavant un toisé; & lorsque lesdites couvertures seront refaites, il en sera compté un tiers ou un quart, comme ouvrage neuf pour le déchet, selon la qualité & valeur de l'ardoise, & le restant compté comme ardoise vieille remployée.

Passages des tuyaux de cheminées, & lucarnes. Et pour les passages des Tuyaux de Cheminées, Lucarnes faites après coup & autres sur les combles, qui seront couverts de tuiles, ils seront comptez aprés leur refection comme tuiles remaniées, en y ajoûtant un déchet selon la valeur de la vieille.

Tous lesquels Ouvrages seront bien & duëment faits suivant l'Art. L'Entrepreneur fournira Clous, Lattes, contre-Lattes, Ardoises, Tuiles, Faîtieres, Plâtres, & tous les materiaux necessaires, peines d'Ouvriers, droits des materiaux, utensiles, échafaudages, & toutes choses generalement quelconques necessaires pour l'entiere perfection desdits Ouvrages; lesquels seront toisez aux Uz & Coûtumes de Paris, moyennant les prix ci-aprés declarez.

SCAVOIR,

Pour chacune toise superficielle d'Ardoise neuve,

Pour Paris, la somme de 12.^{tt} bon

Pour Versailles, la somme de

Pour Marly, la somme de

Pour S. Germain, la somme de

Pour Meudon, la somme de

Et pour Fontainebleau, la somme de

Pour chacune toise d'Ardoises vieilles remployées sur latti neuf,

Pour Paris, la somme de 5.tt 10.s bon

Pour Versailles, la somme de

Pour Marly, la somme de

Pour S. Germain, la somme de

Pour Meudon, la somme de

Et pour Fontainebleau, la somme de

Pour chacune toise superficielle d'Ardoises vieilles remployées sur latti vieux,

Pour Paris, la somme de 3tt 10.s bon

Pour Versailles, la somme de

Pour Marly, la somme de

Pour S. Germain, la somme de

Pour Meudon, la somme de

Et pour Fontainebleau, la somme de

Pour chacune toise superficielle de Tuile neuve de grand moule, de Bourgogne

Pour Paris, la somme de 10.tt bon

Pour Versailles, la somme de

Pour Marly, la somme de

Pour S. Germain, la somme de

Pour Meudon, la somme de

Et pour Fontainebleau, la somme de

Pour chacune toise superficielle de Tuile neuve de moule bâtard,

Pour Paris, la somme de 9 l. 10 s. bon

Pour Versailles, la somme de

Pour Marly, la somme de

Pour S. Germain, la somme de

Pour Meudon, la somme de

Et pour Fontainebleau, la somme de

Pour chacune toise superficielle de Tuile neuve de petit moule,

Pour Paris, la somme de 9 l. bon

Pour Versailles, la somme de

Pour Marly, la somme de

Pour S. Germain, la somme de

Pour Meudon, la somme de

Et pour Fontainebleau, la somme de

Pour chacune toise superficielle de Tuiles remaniées à bout sur latti neuf,

Pour Paris, la somme de 2 l. bon

Pour Versailles, la somme de

Pour Marly, la somme de

Pour S. Germain, la somme de

Pour Meudon, la somme de

Et pour Fontainebleau, la somme de

~~Tuile remaniée sur latti vieux . . . 1 l. 6 s.~~

Pour chacune toise superficielle d'Ardoises en recherche,

Pour Paris, la somme de

Pour Versailles, la somme de

Pour Marly, la somme de

Pour S. Germain, la somme de

Pour Meudon, la somme de

Et pour Fontainebleau, la somme de

Pour chacune toise superficielle de Tuiles en recherche,

Pour Paris, la somme de

Pour Versailles, la somme de

Pour Marly, la somme de

Pour S. Germain, la somme de

Pour Meudon, la somme de

Et pour Fontainebleau, la somme de

Pour chacune toise courante de Goutieres de bois, y compris le scellement en plâtre,

Pour Paris, la somme de 4. 10

Pour Versailles, la somme de

Pour Marly, la somme de

Pour S. Germain, la somme de

Pour Meudon, la somme de

Et pour Fontainebleau, la somme de

Pour chacune toise superficielle de Tuiles remaniées à bout sur latti vieux,

Pour Paris, la somme de

Pour Versailles, la somme de

Pour Marly, la somme de

Pour Saint Germain, la somme de

Pour Meudon, la somme de

Et pour Fontainebleau, la somme de

A PARIS,
De l'Imprimerie de JACQUES COLLOMBAT Imprimeur ordinaire du Roy, & des Bâtimens, Arts & Manufactures de Sa Majesté, ruë S. Jacques, au Pelican. 1721.

DEVIS

ET CONDITIONS

Des Ouvrages de Menuiserie qu'il conviendra faire pour les Changemens & Réparations des Bâtimens du Roy, Maisons Royales, & autres appartenantes à Sa Majesté, tant à Paris, Versailles, Marly, Saint-Germain, Meudon & leurs dépendances, qu'à Fontainebleau & ses dépendances, dressé, suivant les ordres de Monseigneur LE DUC D'ANTIN, Pair de France, &c. Surintendant & Ordonnateur general des Bâtimens, Jardins, Arts & Manufactures de Sa Majesté, par Monsieur DE COTTE Chevalier de l'Ordre de S. Michel, Conseiller du Roy, premier Architecte & Intendant desdits Bâtimens de Sa Majesté.

PREMIEREMENT.

Qualitez & façons des Bois.

OUS les Bois seront de bois de Chêne & sains, secs & nets, loyaux & marchands, sans aubier, pourriture, nœuds vicieux, tampons, mastics ni fusées, & seront bien dressez, corroyez, rabottez jusqu'au vif, en sorte qu'il n'y reste aucuns traits de sciage; lesdits Ouvrages bien assemblez suivant l'Art, à tenons, mortoises, rainures, feüillures & languettes, enfourchement, encastrement, épaulement & recouvrement; en sorte que les tenons remplissent les mortoises sans être découvertes; & seront observez les profils d'Architecture suivant les desseins qui en seront donnez, le tout élegi dans les Bois ; & seront aussi observez les bossages pour la Sculpture aux endroits qui seront marquez, & qui seront de bois collez, des épaisseurs & largeurs qu'il conviendra.

Tous lesquels Ouvrages des bois & qualitez ci-dessus expliquées, seront bien & duëment faits, en telles qualitez & de telles façons qui seront necessaires suivant l'état de Menuiserie, au desir du present Devis. Les Entrepreneurs fourniront tous équipages, peines d'Ouvriers, & tout ce qu'il conviendra pour l'entiere perfection d'iceux, moyennant les prix ci-après declarez sur chaque article.

CONSTRUCTION.

Bâtis des Parquets. LES Bâtis des Parquets auront trois pouces de large sur un pouce & demi d'épaisseur, remplis de Panneaux d'un pouce d'épaisseur, à rainures & languettes. Les frises seront de cinq pouces de large, bien assemblées, à pointe de diamant, avec parquets, & le tout posé sur des Lambourdes de quatre pouces de gros, espacées de six pouces d'entrevoux ; & seront observez les embrassemens des croisées : les portes & les frises au pourtour des murs & autour des foyers des cheminées posées en lozanges bien de niveau, cloüées à tête perduë, tamponnées, colées, rabotées & dressées, le tout d'assemblage, pour chacune toise superficielle,

Pour Paris, la somme de

Pour Versailles, la somme de

Pour Marly, Saint Germain & Meudon, la somme de

Et pour Fontainebleau, la somme de

Et lorsqu'il n'y aura pas de Lambourdes,

Pour Paris, la somme de

Pour Versailles, la somme de

Pour Marly, S. Germain & Meudon, la somme de

Et pour Fontainebleau, la somme de

Lorsqu'il faudra déposer & reposer de vieux Parquets sans Lambourdes, la somme de

Et lorsqu'il faudra fournir des Lambourdes neuves de quatre pouces de gros, la toise courante, la somme de

Les autres Lambourdes de trois à quatre pouces, la somme de

Parquets.

Seront faits les Parquets de deux pouces à vingt panneaux, les bâtis & panneaux de deux pouces, posez en lozange, les frises de cinq pouces de large, assemblées à rainures & languettes, & à pointe de diamant. Seront observées les plattes-bandes autour des murs, embrassemens de croisées, portes & autour des foyers, des mêmes épaisseurs, assemblages & façons que dessus, posées sur des Lambourdes de quatre à six pouces de gros sur le plat, espacées de six pouces d'entre-voux, posées bien de niveau, cloüées à tête perduë, tamponnées, colées, rabotées & dressées, pour chacune toise,

Pour Paris, la somme de

Pour Versailles, la somme de

Pour Marly, Saint Germain & Meudon, la somme de

Et pour Fontainebleau, la somme de

Et sans Lambourdes, la somme de

Pour chacune toise de vieux Parquets démolis & reposez, la somme de

Pour chacune toise courante de Lambourdes à fournir, la somme de

Parquets des Glaces & Armoires.

Les Parquets pour les derrieres des glaces & armoires, les bâtis auront un pouce d'épaisseur, & trois à quatre pouces de large, les panneaux de même épaisseur, arrazez, la toise superficielle,

Pour Paris, la somme de

Pour Versailles, la somme de

Pour Marly, Saint Germain & Meudon, la somme de

Et pour Fontainebleau, la somme de

Planchers.

Seront faits les Planchers de bois de deux pouces d'épaisseur à rainures & languettes, blanchis, avec lambourdes de quatre à six pouces, espacées de neuf pouces d'entre-voux, cloüées à tête perduë, tamponnées, dressées & rabotées; seront observez les embrassemens des croisées, portes & foyers, pour chacune toise,

Pour Paris, la somme de

Pour Versailles, la somme de

Pour Marly, Saint Germain & Meudon, la somme de

Et pour Fontainebleau, la somme de

Et sans Lambourdes, 4l de diminution bon

32l Pour Paris, la somme de 29l bon

Pour Versailles, la somme de

Pour Marly, S. Germain & Meudon, la somme de

Et pour Fontainebleau, la somme de

Planchers de planches. Seront faits les Planchers de planches d'un pouce & demi, debitez en deux de la largeur de la planche, avec feüillures & languettes, rabotez, blanchis & posez sur des lambourdes de trois à quatre pouces de gros, espacées de neuf pouces d'entre-voux : seront observez les embrassemens de croisées, portes & chassis de foyers, comme dessus, pour chacune toise quarrée,

30 Pour Paris, la somme de 26l bon

Pour Versailles, la somme de

Pour Marly, S. Germain & Meudon, la somme de

Et pour Fontainebleau, la somme de

Et sans Lambourdes, de diminution 4l

26 Pour Paris, la somme de 22l bon

Pour Versailles, la somme de

Pour Marly, S. Germain & Meudon, la somme de

Et pour Fontainebleau, la somme de

6 10s — Les vieux Planchers déposez & reposez, la somme de 6l bon

Les autres Planchers de même qualité, sans être debitez en deux, la somme de

26 Pour Paris, la somme de 22l bon

Pour Versailles, la somme de

Pour Marly, S. Germain & Meudon, la somme de

Et pour Fontainebleau, la somme de

Et sans Lambourdes, la somme de

22 Pour Paris, la somme de 18# bon

Pour Versailles, la somme de

Pour Marly, S. Germain & Meudon, la somme de

Et pour Fontainebleau, la somme de

Les autres Planchers de bois de quinze lignes d'épaisseur, des mêmes qualitez, debitez en deux, de pareille façon & construction, avec lambourdes, comme dessus, Mêmes Planchers.

25 Pour Paris, la somme de 21# bon

Pour Versailles, la somme de

Pour Marly, Saint Germain & Meudon, la somme de

Et pour Fontainebleau, la somme de

Et sans Lambourdes,

21 Pour Paris, la somme de 17# bon

Pour Versailles, la somme de

Pour Marly, S. Germain & Meudon, la somme de

Et pour Fontainebleau, la somme de

Les Planchers de bois de quinze lignes, sans être debitez, de même épaisseur & façon que dessus, avec lambourdes,

22 Pour Paris, la somme de 19# bon

Pour Versailles, la somme de

Pour Marly, S. Germain & Meudon, la somme de

Et pour Fontainebleau, la somme de

Et sans Lambourdes,

18# Pour Paris, la somme de 15# bon

Pour Versailles, la somme de

Pour Marly, S. Germain & Meudon, la somme de

Et pour Fontainebleau, la somme de

Planchers de bois de sapin.

Seront faits les Planchers de bois de sapin, assemblez avec feüillures & languettes, rabotez, blanchis & posez sur lambourdes de chêne de trois & quatre pouces, espacez comme dessus, pour chacune toise,

18 Pour Paris, la somme de 16. ban

Pour Versailles, la somme de

Pour Marly, Saint Germain & Meudon, la somme de

Et pour Fontainebleau, la somme de

Et sans Lambourdes,

14 Pour Paris, la somme de 12 ban

Pour Versailles, la somme de

Pour Marly, S. Germain & Meudon, la somme de

Et pour Fontainebleau, la somme de

Les Cloisons de bois de chêne d'un pouce & demi d'épaisseur, rabotez, dressez des deux côtez, assemblez à rainures & languettes, avec coulisses haut & bas, poteaux & linteaux aux portes de trois pouces en quarré, pour chacune toise quarrée,

28 Pour Paris, la somme de 24. ban

Pour Versailles, la somme de

Pour Marly, S. Germain & Meudon, la somme de

Et pour Fontainebleau, la somme de

Pour chacune toise quarrée de Cloisons des mêmes qualitez & épaisseurs, blanchies d'un côté, la somme de

26 Pour Paris, la somme de 22. ban

Pour Versailles, la somme de

Pour Marly, S. Germain & Meudon, la somme de

Et pour Fontainebleau, la somme de

Les autres Cloisons de même qualité & épaisseur, sans être rabotées,

Pour Paris, la ſomme de

Pour Verſailles, la ſomme de

Pour Marly, Saint Germain & Meudon, la ſomme de

Et pour Fontainebleau, la ſomme de

Les autres Cloiſons de quinze lignes de mêmes qualitez & façons que deſſus, blanchies des deux côtez, la ſomme de

Pour Paris, la ſomme de

Pour Verſailles, la ſomme de

Pour Marly, Saint Germain & Meudon, la ſomme de

Et pour Fontainebleau, la ſomme de

Les autres Cloiſons de mêmes qualitez blanchies d'un côté,

Pour Paris, la ſomme de

Pour Verſailles, la ſomme de

Pour Marly, S. Germain & Meudon, la ſomme de

Et pour Fontainebleau, la ſomme de

Et ſans être blanchies,

Pour Paris, la ſomme de

Pour Verſailles, la ſomme de

Pour Marly, S. Germain & Meudon, la ſomme de

Et pour Fontainebleau, la ſomme de

Les Cloiſons de bois d'un pouce de mêmes façons & conſtructions, blanchies des deux côtez,

Pour Paris, la ſomme de

Pour Verſailles, la ſomme de

Pour Marly, Saint Germain & Meudon, la ſomme de

Et pour Fontainebleau, la ſomme de

Celles blanchies d'un côté,

Pour Paris, la ſomme de

Pour Verſailles, la ſomme de

Pour Marly, Saint Germain & Meudon, la ſomme de

Et pour Fontainebleau, la ſomme de

Les autres Cloiſons qui ne ſeront point rabotées, mais ſeulement à rainures & languettes, comme deſſus,

Pour Paris, la ſomme de

Pour Verſailles, la ſomme de

Pour Marly, S. Germain & Meudon, la ſomme de

Et pour Fontainebleau, la ſomme de

Cloiſons de bois de ſapin.

Les Cloiſons d'ais de ſapin rabotées & blanchies des deux côtez, avec couliſſes en bas & en haut, poteaux & linteaux aux portes auſſi de ſapin, aſſemblées à rainures & languettes, comme dit eſt,

Pour Paris, la ſomme de

Pour Verſailles, la ſomme de

Pour Marly, Saint Germain & Meudon, la ſomme de

Et pour Fontainebleau, la ſomme de

Et celles rabotées d'un côté,

Pour Paris, la ſomme de

Pour Verſailles, la ſomme de

Pour Marly, S. Germain & Meudon, la ſomme de

Et pour Fontainebleau, la ſomme de

Et ſans être rabotées d'un côté,

Pour Paris, la ſomme de

Pour Verſailles, la ſomme de

Pour Marly, S. Germain & Meudon, la ſomme de

Et pour Fontainebleau, la ſomme de

Pour chacune toise de Cloisons de sapin brutes, sans rainures ni languettes,

Pour Paris, la somme de

Pour Versailles, la somme de

Pour Marly, Saint Germain & Meudon, la somme de

Et pour Fontainebleau, la somme de

Pour chacune toise superficielle de Cloisons de planches de batteau, espacées de trois à quatre pouces de vuide, Cloisons de planches de batteau.

Pour Paris, la somme de

Pour Versailles, la somme de

Pour Marly, S. Germain & Meudon, la somme de

Et pour Fontainebleau, la somme de

Seront faits les Lambris d'appuis sur trois pieds de haut à bouëment simple de bois de chêne, les bâtis de bois de quinze lignes, les panneaux de merrein de six à sept lignes d'épaisseur avec simaises, ornez d'un talon ou quart-de-rond & filet quarré, & une astragale & plinthe par bas, ornée d'un boudin, filet quarré ou quart-de-rond, la toise courante, Lambris d'appuis.

Pour Paris, la somme de

Pour Versailles, la somme de

Pour Marly, Saint Germain & Meudon, la somme de

Et pour Fontainebleau, la somme de

Ceux qui seront de moindre hauteur, de la même qualité & façon, à proportion.

Les mêmes Lambris à deux paremens,

Pour Paris, la somme de

Pour Versailles, la somme de

Pour Marly, Saint Germain & Meudon, la somme de

Et pour Fontainebleau, la somme de

Pour chacune toise quarrée de Lambris à bouëment simple à hauteur de chambre,

Pour Paris, la somme de

Pour Versailles, la somme de

Pour Marly, Saint Germain & Meudon, la somme de

Et pour Fontainebleau, la somme de

Les mêmes Lambris à deux paremens, la toise quarrée,

Pour Paris, la somme de

Pour Versailles, la somme de

Pour Marly, S. Germain & Meudon, la somme de

Et pour Fontainebleau, la somme de

Pour chacune toise courante de Lambris à bouëment & baguette de trois pieds de haut, de pareille épaisseur de bois,

Pour Paris, la somme de

Pour Versailles, la somme de

Pour Marly, S. Germain & Meudon, la somme de

Et pour Fontainebleau, la somme de

Et à deux paremens,

Pour Paris, la somme de

Pour Versailles, la somme de

Pour Marly, S. Germain & Meudon, la somme de

Et pour Fontainebleau, la somme de

Et les mêmes Lambris à hauteur de chambre,

Pour Paris, la somme de

Pour Versailles, la somme de

Pour Marly, S. Germain & Meudon, la somme de

Et pour Fontainebleau, la somme de

Les mêmes Lambris à hauteur de chambre à deux paremens, la toise superficielle,

Pour Paris, la ſomme de

Pour Verſailles, la ſomme de

Pour Marly, Saint Germain & Meudon, la ſomme de

Et pour Fontainebleau, la ſomme de

Seront faits les Lambris d'appuis de trois pieds de haut, de bois, de quinze lignes, à bouëment & baguettes ravalées, les panneaux comme deſſus, la toiſe courante, Mêmes Lambris.

Pour Paris, la ſomme de

Pour Verſailles, la ſomme de

Pour Marly, S. Germain & Meudon, la ſomme de

Et pour Fontainebleau, la ſomme de

Ceux à deux paremens, la ſomme de

Les mêmes Lambris à hauteur de chambre, pour chacune toiſe ſuperficielle,

Pour Paris, la ſomme de

Pour Verſailles, la ſomme de

Pour Marly, Saint Germain & Meudon, la ſomme de

Et pour Fontainebleau, la ſomme de

Les mêmes Lambris à deux paremens, pour chacune toiſe,

Pour Paris, la ſomme de

Pour Verſailles, la ſomme de

Pour Marly, S. Germain & Meudon, la ſomme de

Et pour Fontainebleau, la ſomme de

Seront faits les Lambris d'appuis à petits cadres, de trois pieds de haut; les bâtis ſeront d'un pouce & demi, de quatre à cinq pouces de large, pour élegir des petits cadres de deux pouces de large; les panneaux de merrein de ſix à ſept lignes d'épaiſſeur, ornez de doubles plattes-bandes, avec ſimaiſe de trois à quatre pouces, ornées de boudins, filets quarrez & aſtragales, & d'une plinthe par bas de Lambris d'appuis à petits cadres.

quatre pouces de haut, ornée d'un boudin & filet quarrée; la toise courante,

18 Pour Paris, la somme de 15

Pour Versailles, la somme de

Pour Marly, S. Germain & Meudon, la somme de

Et pour Fontainebleau, la somme de

Les mêmes Lambris à deux paremens, la toise superficielle,

22 Pour Paris, la somme de 17

Pour Versailles, la somme de

Pour Marly, Saint Germain & Meudon, la somme de

Et pour Fontainebleau, la somme de

Les mêmes Lambris à hauteur de chambre,

36 Pour Paris, la somme de 30

Pour Versailles, la somme de

Pour Marly, S. Germain & Meudon, la somme de

Et pour Fontainebleau, la somme de

Les mêmes Lambris à hauteur de chambre à deux paremens,

42 Pour Paris, la somme de 36

Pour Versailles, la somme de

Pour Marly, S. Germain & Meudon, la somme de

Et pour Fontainebleau, la somme de

Lambris cintrez. Tous les Lambris qui seront cintrez, de toutes qualitez & lambris de sujétion, seront payez par estimation.

Et s'il se rencontre des portes des qualitez desdits lambris, elles seront payées sur le même pied que les lambris à deux paremens, observant seulement qu'elles soient quartderonnées & feüillées.

Lambris à bouëment simple. Et les Lambris à bouëment simple remplis de panneaux de sapin, avec bâtis de chêne à bouëment, la toise superficielle,

Pour Paris, la ſomme de 18# bon

Pour Verſailles, la ſomme de

Pour Marly, Saint Germain & Meudon, la ſomme de

Et pour Fontainebleau, la ſomme de

Seront faites les Portes colées & emboëtées de bois de chêne, d'un pouce avec goujon, la toiſe quarrée, Portes de bois de chêne.

22# Pour Paris, la ſomme de 18# bon

Pour Verſailles, la ſomme de

Pour Marly, Saint Germain & Meudon, la ſomme de

Et pour Fontainebleau, la ſomme de

Les mêmes Portes de bois de quinze lignes, la toiſe ſuperficielle,

Pour Paris, la ſomme de 19# bon

Pour Verſailles, la ſomme de

Pour Marly, Saint Germain & Meudon, la ſomme de

Et pour Fontainebleau, la ſomme de

Les mêmes Portes de bois de dix-huit lignes avec clef, la toiſe ſuperficielle,

28 Pour Paris, la ſomme de 24# bon

Pour Verſailles, la ſomme de

Pour Marly, Saint Germain & Meudon, la ſomme de

Et pour Fontainebleau, la ſomme de

Les mêmes qualitez de Portes de bois de deux pouces d'épaiſſeur, aſſemblées comme deſſus, la toiſe ſuperficielle,

38 Pour Paris, la ſomme de 33# bon

Pour Verſailles, la ſomme de

Pour Marly, Saint Germain & Meudon, la ſomme de

Et pour Fontainebleau, la ſomme de

Les Portes de Caves, de bois d'un pouce & demy d'épaiſſeur, avec trois barres cloüées derriere, Portes de caves.

Pour Paris, la somme de

Pour Versailles, la somme de

Pour Marly, Saint Germain & Meudon, la somme de

Et pour Fontainebleau, la somme de

Portes de sapin. Les Portes de sapin emboëtées de chêne, à rainures & languettes, pour chacune toise superficielle,

Pour Paris, la somme de

Pour Versailles, la somme de

Pour Marly, Saint Germain & Meudon, la somme de

Et pour Fontainebleau, la somme de

Portes de bois de chêne à panneaux. Les Portes de chêne à panneaux recouverts; les bâtis de bois de deux pouces sur cinq pouces de large, les panneaux de bois d'un pouce & demi, quartderonnez sur le pourtour des panneaux, & par derriere remplis de petites traverses & montans dans les frises, de bois de deux pouces de large & un pouce & demi d'épaisseur, pour chacune toise,

Pour Paris, la somme de

Pour Versailles, la somme de

Pour Marly, Saint Germain & Meudon, la somme de

Et pour Fontainebleau, la somme de

Portes de remises de bois de sapin. Les Portes de remises de sapin blanchies d'un côté à rainures & languettes, avec barres & écharpes de chêne par derriere, de cinq & six pouces de large, & de quinze lignes ou un pouce & demi d'épaisseur, avec deux planches de bois de chêne, sur lesquelles seront attachées les pentures, pour chacune toise quarrée,

Pour Paris, la somme de

Pour Versailles, la somme de

Pour Marly, S. Germain & Meudon, la somme de

Et pour Fontainebleau, la somme de

Chambrâles des portes, croisées & cheminées. Seront faits les Chambranles des portes, croisées & cheminées, sçavoir, ceux de quatre à cinq pouces de profil, de deux pouces d'épaisseur, l'Architecture élegie, la toise courante,

Pour Paris, la somme de

Pour Versailles, la somme de

Pour Marly, S. Germain & Meudon, la somme de

Et pour Fontainebleau, la somme de

Les autres Chambranles jusqu'à neuf pieds de haut, de cinq & sept pouces de profil, & de trois pouces d'épaisseur, l'Architecture élegie, la toise courante,

Pour Paris, la somme de

Pour Versailles, la somme de

Pour Marly, Saint Germain & Meudon, la somme de

Et pour Fontainebleau, la somme de

Les mêmes Chambranles jusqu'à douze pieds, la toise courante,

Pour Paris, la somme de

Pous Versailles, la somme de

Pour Marly, Saint Germain & Meudon, la somme de

Et pour Fontainebleau, la somme de

Les autres Chambranles de sept à huit pouces de profil élegi, & de quatre pouces d'épaisseur, depuis neuf jusqu'à douze pieds, la toise courante,

Pour Paris, la somme de

Pour Versailles, la somme de

Pour Marly, Saint Germain & Meudon, la somme de

Et pour Fontainebleau, la somme de

Les mêmes Chambranles, depuis douze jusqu'à quinze pieds, la toise courante,

Pour Paris, la somme de

Pour Versailles, la somme de

Pour Marly, Saint Germain & Meudon, la somme de

Et pour Fontainebleau, la somme de

Les Traverses du haut des Chambranles qui seront cintrez & bombez, seront payez par estimation.

Comme aussi les Cadres, Ronds & Ovales.

Châssis des portes de bois de chêne. Seront faits les Châssis des portes de bois de chêne de quatre à cinq pouces de large, & de dix-huit lignes d'epaisseur, feüillez & quartderonnez, la toise courante,

Pour Paris, la somme de

Pour Versailles, la somme de

Pour Marly, Saint Germain & Meudon, la somme de

Et pour Fontainebleau, la somme de

Les autres Châssis de cinq pouces de large, & de deux pouces d'epaisseur,

Pour Paris, la somme de

Pour Versailles, la somme de

Pour Marly, S. Germain & Meudon, la somme de

Et pour Fontainebleau, la somme de

Les Châssis de bois de chêne tous unis avec feüillures, de quatre pouces de large, de quinze à dix-huit lignes d'epaisseur, la toise courante,

Pour Paris, la somme de

Pour Versailles, la somme de

Pour Marly, Saint Germain & Meudon, la somme de

Et pour Fontainebleau, la somme de

Tringles à tapisseries. Les Tringles pour les Tapisseries, de trois pouces de large, d'un pouce & demi d'epaisseur, dressées & rabotées, de bois de chêne, la toise courante,

Pour Paris, la somme de

Pour Versailles, la somme de

Pour Marly, Saint Germain & Meudon, la somme de

Et pour Fontainebleau, la somme de

Caisses d'orangers. Seront faites les Caisses d'Orangers, sçavoir ; les grandes de quatre pieds & demi de long sur cinq pieds de haut, compris six pouces de vuide par-dessous, & six pouces de pommes par le haut, le tout hors œuvre, les quatre piliers de bois de six pouces, ornez d'une pomme avec sa gorge tournée ; les traverses par bas de quatre à six pouces de gros, assemblez dans les piliers à tenons & mortaises, le remplissage dans les quatre faces & fond de planches de deux pouces assemblez à rainures & languettes, les faces exterieures rabotées proprement, & en état de recevoir la ferrure, suivant & conformement à celles qui sont faites à l'Orangerie du Roy, pour chacune desdites caisses,

Pour Paris, la somme de

Pour Versailles, la somme de

Pour Marly, S. Germain & Meudon, la somme de

Et pour Fontainebleau, la somme de

Celles de trois pieds & demi en quarré, non compris les pommes & les vuides du dessous, de mêmes grosseurs & façons ;

Pour Paris, la somme de

Pour Versailles, la somme de

Pour Marly, S. Germain & Meudon, la somme de

Et pour Fontainebleau, la somme de

Les Caisses de trois pieds en quarré, non compris comme dessus les pommes & le vuide, les piliers de cinq pouces en quarré, ornez de boules avec leurs gorges tournées, les traverses d'en-bas de bois de quatre & six pouces, & les panneaux de quatre faces & le fond de bois de dix-huit lignes assemblez & rabotez des façons ci-dessus, Mêmes caisses.

Pour Paris, la somme de

Pour Versailles, la somme de

Pour Marly, Saint Germain & Meudon, la somme de

Et pour Fontainebleau, la somme de

Les Caisses de deux pieds & demi en quarré, non compris le dessous & les boules, les piliers de bois de quatre pouces, ornez comme dessus, & les traverses de bois de quatre pouces, & les panneaux d'un pouce & demi, assemblez comme dessus,

Pour Paris, la somme de

Pour Versailles, la somme de

Pour Marly, Saint Germain & Meudon, la somme de

Et pour Fontainebleau, la somme de

Mêmes caisses. Les Caisses de deux pieds en quarré, sans comprendre les pommes & les vuides de dessous, les traverses aussi de trois pouces de gros, les panneaux de quinze lignes, assemblez comme dessus, pour chacune caisse,

Pour Paris, la somme de

Pour Versailles, la somme de

Pour Marly, S. Germain & Meudon, la somme de

Et pour Fontainebleau, la somme de

Croisées à panneaux de verre. Les Croisées à panneaux de verre jusqu'à six pieds de haut, & de quatre pieds de large entre les tableaux : les châssis dormant de deux pouces de large & de dix-huit lignes d'épaisseur, les traverses d'en-bas portant quartderond par dehors sur l'appuy, de deux pouces sur trois ; les Châssis à verre de deux pouces de large & de quinze lignes d'épaisseur, à la reserve de la traverse d'en-bas portant son reverseau, qui aura deux pouces en quarré ; les battans desdits châssis portant leurs meneaux ; Sçavoir, l'un de deux pouces & demi d'épaisseur sur quatre pouces de large, avec une traverse dans la hauteur du vuide des châssis à verre pour les entretenir, de deux pouces de large, & quinze lignes d'épaisseur, assemblez dans les châssis à verre, le tout à tenons & mortaises, observant les feüillures necessaires pour recevoir le verre.

Châssis.

Volets de Croisées. Les Volets desdites Croisées seront brisez, ouvrans de toute leur hauteur, ferrez sur le châssis dormant ; les battans & traverses de bois de quinze lignes, assemblez à bouëment d'un côté, remplis de panneaux de merrein de six à sept lignes d'épaisseur, avec plattes-bandes, pour chacun pied courant sur la hauteur,

~~Et sans Volets~~,

Pour Paris, la somme de

Pour Versailles, la somme de

Pour Marly, Saint Germain & Meudon, la somme de

Et pour Fontainebleau, la somme de

Celles de quatre pieds de large,

Pour Paris, la ſomme de

Pour Verſailles, la ſomme de

Pour Marly, Saint Germain & Meudon, la ſomme de

Et pour Fontainebleau, la ſomme de

Et ſans Volets,

Pour Paris, la ſomme de

Pour Verſailles, la ſomme de

Pour Marly, S. Germain & Meudon, la ſomme de

Et pour Fontainebleau, la ſomme de

Celles de cinq pieds de large,

Pour Paris, la ſomme de

Pour Verſailles, la ſomme de

Pour Marly, S. Germain & Meudon, la ſomme de

Et pour Fontainebleau, la ſomme de

Et ſans Volets,

Pour Paris, la ſomme de

Pour Verſailles, la ſomme de

Pour Marly, Saint Germain & Meudon, la ſomme de

Et pour Fontainebleau, la ſomme de

Autres Croiſées.

Les autres Croiſées depuis ſix juſqu'à neuf pieds ſeront de pareille épaiſſeur de bois, à la reſerve qu'il y aura une traverſe dormante portant ſon meneau, pour chacun pied courant,

Pour Paris, la ſomme de

Pour Verſailles, la ſomme de

Pour Marly, Saint Germain & Meudon, la ſomme de

Et pour Fontainebleau, la ſomme de

Et ſans Volets,

Pour Paris, la somme de

Pour Versailles, la somme de

Pour Marly, Saint Germain & Meudon, la somme de

Et pour Fontainebleau, la somme de

Croisées à carreau de verre.

Les Croisées à carreau de verre de six pieds de haut ou environ, & de quatre pieds de large ou environ : les châssis dormant de deux pouces en quarré, la traverse d'en-bas de deux pouces sur trois pouces & demi, à cause du quartderond sur l'appuy : les Châssis à verre de bois, de dix-huit lignes sur deux pouces de large ; les autres portant leurs meneaux de quatre pouces sur deux pouces & demi ; les montans & traverses des petits bois d'un pouce & demi sur quinze lignes, ornées d'un quartderond entre deux quarrez assemblez à pointe de diamant ; les Volets brisez s'ouvrant de leur hauteur, ferrez sur le dormant ; les battans & traverses de bois de quinze lignes, assemblez à bouëment d'un côté, les panneaux remplis de merrein colez en languettes, ornez de plattes-bandes d'un côté, pour chacun pied courant,

Pour Paris, la somme de

Pour Versailles, la somme de

Pour Marly, S. Germain & Meudon, la somme de

Et pour Fontainebleau, la somme de

Et sans Volets,

Pour Paris, la somme de

Pour Versailles, la somme de

Pour Marly, S. Germain & Meudon, la somme de

Et pour Fontainebleau, la somme de

Celles de quatre pieds de large,

Pour Paris, la somme de

Pour Versailles, la somme de

Pour Marly, Saint Germain & Meudon, la somme de

Et pour Fontainebleau, la somme de

Et sans Volets,

Pour Paris, la somme de

Pour Versailles, la somme de

Pour Marly, S. Germain & Meudon, la somme de

Et pour Fontainebleau, la somme de

Celles de cinq pieds de large,

Pour Paris, la somme de

Pour Versailles, la somme de

Pour Marly, S. Germain & Meudon, la somme de

Et pour Fontainebleau, la somme de

Et sans Volets,

Pour Paris, la somme de

Pour Versailles, la somme de

Pour Marly, S. Germain & Meudon, la somme de

Et pour Fontainebleau, la somme de

Les autres Croisées à carreau de verre jusqu'à neuf pieds de haut sur quatre pieds & demi ou environ de large entre les tableaux: les châssis dormant seront de deux pieds de grosseur, à la reserve de la traverse d'en-bas, qui sera de trois pouces & demi sur deux pouces, à cause du quartderond sur l'appuy: les Châssis à verre dont les battans du milieu portant leurs meneaux de quatre pouces de large sur trois pouces d'épaisseur; la traverse d'en-bas portant reverseau de trois pouces & demi d'épaisseur sur trois pouces de haut; les montans & traverses des petits bois de quinze lignes, ornez d'un rond entre deux quarrez; les Volets brisez s'ouvrant de leur hauteur, ferrez sur les dormans, dont les bâtis seront de quinze lignes d'épaisseur, assemblez à bouëment d'un côté, remplis de panneaux de mérains, ornez de plattes-bandes, pour chacun pied courant sur la hauteur, Mêmes Croisées.

Pour Paris, la somme de

Pour Versailles, la somme de

Pour Marly, S. Germain & Meudon, la somme de

Et pour Fontainebleau, la somme de

Et sans Volets,

Pour Paris, la somme de

Pour Versailles, la somme de

Pour Marly, S. Germain & Meudon, la somme de

Et pour Fontainebleau, la somme de

Celles de quatre pieds, ½

Pour Paris, la somme de

Pour Versailles, la somme de

Pour Marly, Saint Germain & Meudon, la somme de

Et pour Fontainebleau, la somme de

Et sans Volets,

Pour Paris, la somme de

Pour Versailles, la somme de

Pour Marly, S. Germain & Meudon, la somme de

Et pour Fontainebleau, la somme de

Celles de cinq pieds,

Pour Paris, la somme de

Pour Versailles, la somme de

Pour Marly, S. Germain & Meudon, la somme de

Et pour Fontainebleau, la somme de

Et sans Volets,

Pour Paris, la somme de

Pour Versailles, la somme de

Pour Marly, Saint Germain & Meudon, la somme de

Et pour Fontainebleau, la somme de

Mêmes croisées. Les autres Croisées de pareille largeur ou environ, de même construction, dont les petits bois seront ornez de quartderonds entre-deux baguettes ; les Volets assemblez à bouëment & baguette d'un côté, pour chacun pied,

Pour Paris, la somme de 7. 10. bon

Pour Versailles, la somme de

Pour Marly, Saint Germain & Meudon, la somme de

Et pour Fontainebleau, la somme de

Seront faits les Châssis à coulisse à petits bois de quatre pieds de large, de quelques hauteurs que ce puisse être, dont les battans de deux pouces quarrez avec rainures, les traverses de même grosseur que les battans, à l'exception de la traverse par bas, qui portera reverseau lorsque lesdits Châssis seront mis par dehors, & qui sera de bois de trois pouces quarrez, pour chacun pied, Châssis à coulisse.

3. 10 Pour Paris, la somme de ~~2. 10. 15~~ 2. 15. bon

Pour Versailles, la somme de

Pour Marly, Saint Germain & Meudon, la somme de

Et pour Fontainebleau, la somme de

Ceux de quatre pieds & demi de large,

3 10 Pour Paris, la somme de ~~2. 10.~~ 3. bon

Pour Versailles, la somme de

Pour Marly, Saint Germain & Meudon, la somme de

Et pour Fontainebleau, la somme de

Ceux de cinq pieds,

3 15 Pour Paris, la somme de 3. 5. bon

Pour Versailles, la somme de

Pour Marly, Saint Germain & Meudon, la somme de

Et pour Fontainebleau, la somme de

Et ceux de cinq pieds & demi,

4. 10 Pour Paris, la somme de 3. 15. bon

Pour Versailles, la somme de

Pour Marly, S. Germain & Meudon, la somme de

Et pour Fontainebleau, la somme de

adjugé a Guesnon, Marteau, Gosselin, nelle, Baron, Lechaudel, Chassis des champs expobni signé le Dac Dauben

A PARIS,
De l'Imprimerie de JACQUES COLLOMBAT Imprimeur ordinaire du Roy, & des Bâtimens, Arts & Manufactures de Sa Majesté, ruë S. Jacques, au Pelican. 1721.

DEVIS

ET CONDITIONS

Des Ouvrages de Gros Fer & de Serrurerie qui sont à faire, pour être employez dans les Bâtimens du Roy, tant à Paris, Versailles, Marly, Saint Germain, Meudon & leurs dépendances, qu'à Fontainebleau & ses dépendances; dressé, suivant les ordres de Monseigneur LE DUC D'ANTIN, Pair de France, &c. Surintendant & Ordonnateur general des Bâtimens, Jardins, Arts & Manufactures de Sa Majesté, par Monsieur DE COTTE Chevalier de l'Ordre de S. Michel, Conseiller du Roy, premier Architecte & Intendant desdits Bâtimens de Sa Majesté.

PREMIEREMENT.

L'Entrepreneur fournira les Fers necessaires de bonnes qualitez, Charbons, Voitures & peines d'Ouvriers, & toutes choses necessaires pour l'entiere perfection des Ouvrages; & les gros Fers seront façonnez des longueurs, formes & façons qui seront ordonnez par les Contrôleurs sur leurs billets, & des grosseurs ci-après declarées.

SCAVOIR,

Pour les Linteaux des Portes, des Croisées & Chevestres, qui

G

seront d'un fer quarré de treize à quatorze lignes de gros.

Pour les Tirans des Chaînes & des Mouffles qui seront d'un fer quarré, de neuf à dix lignes de gros.

Pour les Anchres qui seront d'un pouce de gros.

Pour les Manteaux de Cheminées, les Barres pour porter les languettes qui seront aussi d'un pouce de gros.

Tous les Tirans, Plattes-bandes, Harpons servans à la Charpente, & les Estriers qui seront d'un fer plat de deux pouces trois lignes de large, & quatre à cinq lignes d'épaisseur, & les Barres de tremis.

Pour les Barres des Potagers, celles des Atres qui seront d'un même fer que dessus.

Pour les Barres qui se mettent devant les Contre-cœurs de Cheminées, qui seront d'un fer quarré de seize lignes de gros.

Pour les Barreaux des Grilles qui se mettent aux Croisées, qui seront d'un fer quarré de douze lignes de gros, & les traverses de treize lignes.

Pour les Grilles où il faudra du Carillon, les Barreaux qui auront huit lignes de gros, & les Traverses de dix à onze lignes.

Pour les Potances de fer des qualitez qu'elles seront ordonnées, tant de fer plat que quarré.

Pour les Boulons pour la Charpente qui seront faits, aussi-bien que ceux des Escaliers, des grosseurs qui seront ordonnées.

Pour les Masses necessaires à couper le Plomb, qui seront d'un fer de dix-huit lignes de gros, & de cinq à six pouces de long lesdits fers, y compris tous les Clous pour les attacher, seront pesez comme le fer.

Tous lesdits Fers ci-dessus expliquez, seront payez pour chacun cent pesant;

SCAVOIR,

1722: 21 ₶ Pour Paris, la somme de 20. ~~8~~ l. 1721

Pour Versailles, la somme de

Pour Marly, S. Germain & Meudon, la somme de

Et pour Fontainebleau, la somme de

Les Fantons qui s'employeront dans les Cheminées qui seront d'un petit Fer fendu, suivant le modéle approuvé, chacun cent pesant seront payez,

2 ℔ Pour Paris, la somme de ~~25.~~ 22 ₶ 10 s l.

Pour Versailles, la somme de

Pour Marly, S. Germain & Meudon, la somme de

Et pour Fontainebleau, la somme de

Les Boëtes des Robinets qui ſeront faites d'un gros fer plat, des formes & façons qui ſeront ordonnées, chacun cent peſant ſeront payez,

Pour Paris, la ſomme de

Pour Verſailles, la ſomme de

Pour Marly, Saint Germain & Meudon, la ſomme de

Et pour Fontainebleau, la ſomme de

Les Clefs à Doüilles ſervant aux Robinets qui ſeront faites, ainſi qu'il ſera ordonné, chacun cent peſant ſeront payez,

Pour Paris, la ſomme de

Pour Verſailles, la ſomme de

Pour Marly, S. Germain & Meudon, la ſomme de

Et pour Fontainebleau, la ſomme de

Les Tournes à gauche qui ſeront faits comme il ſera ordonné, le cent peſant ſeront payez,

Pour Paris, la ſomme de

Pour Verſailles, la ſomme de

Pour Marly, Saint Germain & Meudon, la ſomme de

Et pour Fontainebleau, la ſomme de

Les Fers pour les Treillages droits & cintrez, depuis ſix pouces juſqu'à douze pouces de haut, les Pilaſtres qui ſeront de fer de treize lignes de gros, avec un Ambaſe par le bas, & les Entretoiſes qui ſeront d'un fer de Carillon de ſept à huit lignes de gros, ſeront faites comme il ſera ordonné, chacun cent peſant ſeront payez,

Pour Paris, la ſomme de

Pour Verſailles, la ſomme de

Pour Marly, Saint Germain & Meudon, la ſomme de

Et pour Fontainebleau, la ſomme de

Les Treillages à hauteur d'appui, les Pilaſtres qui ſeront d'un fer de dix à onze lignes de gros, & les Entretoiſes de neuf lignes, & ſera obſervé une Ambaſe en pilaſtres. L'Entrepreneur ſera obligé de les ſceller en plomb qui luy ſera fourni par le Roy, ainſi que

23# le tout en sera ordonné sur le pied & le cent pesant.
Pour Paris, la somme de 22# 10s bon

Pour Versailles, la somme de

Pour Marly, Saint Germain & Meudon, la somme de

Et pour Fontainebleau, la somme de

Les Fers des Equipages, des Soupapes, tant quarrez que plats, qui seront scellez par l'Entrepreneur en plomb, qui lui sera fourni des Magasins du Roy, chacun cent pesant seront payez,

21 Pour Paris, la somme de 20# bon

Pour Versailles, la somme de

Pour Marly, S. Germain & Meudon, la somme de

Et pour Fontainebleau, la somme de

Les Vis pour lever les Soupapes filetées de six pouces, qui seront payées à la piece chacune,

10 Pour Paris, la somme de 10# bon

Pour Versailles, la somme de

Pour Marly, S. Germain & Meudon, la somme de

Et pour Fontainebleau, la somme de

Les Tringles des Vis, qui seront pesées & payées comme les gros Fers ci-dessus, chacun cent pesant,

21 Pour Paris, la somme de 20# bon

Pour Versailles, la somme de

Pour Marly, S. Germain & Meudon, la somme de

Et pour Fontainebleau, la somme de

Les Vis filetées depuis dix pouces jusqu'à dix-huit, qui seront payées à la piece,

14 Pour Paris, la somme de 14# bon

Pour Versailles, la somme de

Pour Marly, Saint Germain & Meudon, la somme de

Et pour Fontainebleau, la somme de

Les Tringles desdits Vis, qui seront pesées & payées comme le gros Fer ci-dessus, chacun cent pesant,

Pour Paris, la somme de

Pour Versailles, la somme de

Pour Marly, S. Germain & Meudon, la somme de

Et pour Fontainebleau, la somme de

Les Réchaux avec les Tringles qui seront de fer de petit Carillon, dont un Réchaux de six pouces de diametre, pesera quinze à seize livres, un de sept pouces de diametre pesera vingt livres, & les autres à proportion, chacun cent pesant seront payez,

Pour Paris, la somme de

Pour Versailles, la somme de

Pour Marly, Saint Germain & Meudon, la somme de

Et pour Fontainebleau, la somme de

Les Crocs pour tirer la glace, ainsi qu'ils seront ordonnez par le Contrôleur, seront payez au cent pesant, à raison de

Pour Paris, la somme de

Pour Versailles, la somme de

Pour Marly, S. Germain & Meudon, la somme de

Et pour Fontainebleau, la somme de

Les vieux Clous de Charettes seront payez au cent pesant, à raison de

Pour Paris, la somme de

Pour Versailles, la somme de

Pour Marly, Saint Germain & Meudon, la somme de

Et pour Fontainebleau, la somme de

Les Fers pour les Barrieres, qui seront d'un fer de huit lignes de gros pour les montans, & les Plattes-battes d'un fer plat, pareil à ceux qui sont en place, & sera posé par l'Entrepreneur, & payé au cent pesant,

Pour Paris, la somme de

Pour Versailles, la somme de

Pour Marly, Saint Germain & Meudon, la somme de

Et pour Fontainebleau, la somme de

1722 Les Clous neufs de quatre, ſix, huit, dix & douze, ſeront d'un fer doux & delié, & payé chacun cent peſant. 1721

37# 10s Pour Paris, la ſomme de 34# 10s bar

Pour Verſailles, la ſomme de

Pour Marly, Saint Germain & Meudon, la ſomme de

Et pour Fontainebleau, la ſomme de

Les Broquettes pour attacher les pattes, ſeront payées le cent peſant à raiſon de

75 Pour Paris, la ſomme de 70# bar

Pour Verſailles, la ſomme de

Pour Marly, S. Germain & Meudon, la ſomme de

Et pour Fontainebleau, la ſomme de

Les Clous à lattes, ſeront auſſi payez à l'Entrepreneur, le cent peſant, à raiſon de

45 Pour Paris, la ſomme de 44# bar

Pour Verſailles, la ſomme de

Pour Marly, S. Germain & Meudon, la ſomme de

Et pour Fontainebleau, la ſomme de

Les Chevilles de fer ſeront payées le cent peſant, à raiſon de

25 Pour Paris, la ſomme de 25# bar

Pour Verſailles, la ſomme de

Pour Marly, Saint Germain & Meudon, la ſomme de

Et pour Fontainebleau, la ſomme de

Le cent peſant de broches de fer à Chambranles, dont les têtes ſeront bien limées, & ſuivant les modéles, ſeront payez pour chacun cent de compte,

6 Pour Paris, la ſomme de 5# bar

Pour Verſailles, la ſomme de

Pour Marly, S. Germain & Meudon, la ſomme de

Et pour Fontainebleau, la ſomme de

Le cent de pattes ſuivant les modéles, tant en bois, en plâtre, Chambranles, Contre-cœurs & Lambris, ſeront payées pour chacun cent de compte,

Pour Paris, la ſomme de

Pour Verſailles, la ſomme de

Pour Marly, Saint Germain & Meudon, la ſomme de

Et pour Fontainebleau, la ſomme de

Les Pattes de ſujétion, depuis cinq pouces juſqu'à huit, ſeront payées pour chacun cent,

Pour Paris, la ſomme de

Pour Verſailles, la ſomme de

Pour Marly, Saint Germain & Meudon, la ſomme de

Et pour Fontainebleau, la ſomme de

Les Ebauchoirs pour couper les Plombs, ſeront faits ſuivant les modéles, & payé chacun Ebauchoir,

Pour Paris, la ſomme de

Pour Verſailles, la ſomme de

Pour Marly, S. Germain & Meudon, la ſomme de

Et pour Fontainebleau, la ſomme de

Le cent peſant de vieux fer ſera payé à l'Entrepreneur qui le façonnera, à raiſon de

AUTRES OUVRAGES DE SERRURERIE, qui ſeront faits ſuivant les modéles qui en ſeront approuvez;

SCAVOIR,

Les Fiches à Vazes & à Gonds.

Une Fiche à Vazes & à Gonds d'un pied entre-vazes, à raiſon de

Pour Paris, la ſomme de
Pour Verſailles, la ſomme de
Pour Marly, Saint Germain & Meudon, la ſomme de
Et pour Fontainebleau, la ſomme de

Une Fiche à Vazes & à Gonds de dix pouces entre-vazes, à raiſon de
Pour Paris, la ſomme de
Pour Verſailles, la ſomme de
Pour Marly, Saint Germain & Meudon, la ſomme de
Et pour Fontainebleau, la ſomme de

Une Fiche de neuf pouces, à raiſon de
Pour Paris, la ſomme de
Pour Verſailles, la ſomme de
Pour Marly, Saint Germain & Meudon, la ſomme de
Et pour Fontainebleau, la ſomme de

Une Fiche de huit pouces, à raiſon de
Pour Paris, la ſomme de
Pour Verſailles, la ſomme de
Pour Marly, Saint Germain & Meudon, la ſomme de
Et pour Fontainebleau, la ſomme de

Une Fiche de ſept pouces, à raiſon de
Pour Paris, la ſomme de
Pour Verſailles, la ſomme de
Pour Marly, Saint Germain & Meudon, la ſomme de
Et pour Fontainebleau, la ſomme de

Une Fiche de ſix pouces, à raiſon de

Pour Paris, la ſomme de

Pour Verſailles, la ſomme de

Pour Marly, Saint Germain & Meudon, la ſomme de

Et pour Fontainebleau, la ſomme de

Une Fiche de cinq pouces, à raiſon de

Pour Paris, la ſomme de

Pour Verſailles, la ſomme de

Pour Marly, S. Germain & Meudon, la ſomme de

Et pour Fontainebleau, la ſomme de

Une Fiche de quatre pouces, à raiſon de

Pour Paris, la ſomme de

Pour Verſailles, la ſomme de

Pour Marly, Saint Germain & Meudon, la ſomme de

Et pour Fontainebleau, la ſomme de

Une Fiche de trois pouces, à raiſon de

Pour Paris, la ſomme de

Pour Verſailles, la ſomme de

Pour Marly, S. Germain & Meudon, la ſomme de

Et pour Fontainebleau, la ſomme de

Une Fiche de deux pouces, à raiſon de

Pour Paris, la ſomme de

Pour Verſailles, la ſomme de

Pour Marly, Saint Germain & Meudon, la ſomme de

Et pour Fontainebleau, la ſomme de

Les Fiches à Gonds & à Vaſes coudées.

Uue Fiche d'un pied, à raiſon de

2. 15 Pour Paris, la somme de 2. 15. ba
Pour Versailles, la somme de
Pour Marly, Saint Germain & Meudon, la somme de
Et pour Fontainebleau, la somme de

Une fiche de dix pouces, à raison de

2 - 10 Pour Paris, la somme de 2. 10. ba
Pour Versailles, la somme de
Pour Marly, Saint Germain & Meudon, la somme de
Et pour Fontainebleau, la somme de

Une fiche de neuf pouces, à raison de

2 - 8 Pour Paris, la somme de 2. 8. ba
Pour Versailles, la somme de
Pour Marly, S. Germain & Meudon, la somme de
Et pour Fontainebleau, la somme de

Une fiche de huit pouces, à raison de

2 . 5 Pour Paris, la somme de 2. 5. ba
Pour Versailles, la somme de
Pour Marly, Saint Germain & Meudon, la somme de
Et pour Fontainebleau, la somme de

Une fiche de sept pouces, à raison de

2 . 5 Pour Paris, la somme de 2. 5. 2. ba
Pour Versailles, la somme de
Pour Marly, Saint Germain & Meudon, la somme de
Et pour Fontainebleau, la somme de

Une fiche de six pouces, à raison de

Pour Paris, la somme de

Pour Versailles, la somme de

Pour Marly, Saint Germain & Meudon, la somme de

Et pour Fontainebleau, la somme de

Une de cinq pouces, à raison de

Pour Paris, la somme de

Pour Versailles, la somme de

Pour Marly, S. Germain & Meudon, la somme de

Et pour Fontainebleau, la somme de

Une de quatre pouces, à raison de

Pour Paris, la somme de

Pour Versailles, la somme de

Pour Marly, Saint Germain & Meudon, la somme de

Et pour Fontainebleau, la somme de

Une de trois pouces, à raison de

Pour Paris, la somme de

Pour Versailles, la somme de

Pour Marly, S. Germain & Meudon, la somme de

Et pour Fontainebleau, la somme de

Les Fiches à doubles nœuds & à vases mesurées entre-vases.

Une Fiche d'un pied, à raison de

Pour Paris, la somme de

Pour Versailles, la somme de

Pour Marly, S. Germain & Meudon, la somme de

Et pour Fontainebleau, la somme de

Une fiche d'onze pouces, à raiſon de

Pour Paris, la ſomme de
Pour Verſailles, la ſomme de
Pour Marly, S. Germain & Meudon, la ſomme de
Et pour Fontainebleau, la ſomme de

Une fiche de dix pouces, à raiſon de

Pour Paris, la ſomme de
Pour Verſailles, la ſomme de
Pour Marly, S. Germain & Meudon, la ſomme de
Et pour Fontainebleau, la ſomme de

Une fiche de neuf pouces, à raiſon de

Pour Paris, la ſomme de
Pour Verſailles, la ſomme de
Pour Marly, S. Germain & Meudon, la ſomme de
Et pour Fontainebleau, la ſomme de

Un fiche de huit pouces, à raiſon de

Pour Paris, la ſomme de
Pour Verſailles, la ſomme de
Pour Marly, Saint Germain & Meudon, la ſomme de
Et pour Fontainebleau, la ſomme de

Une fiche de ſept pouces, à raiſon de

Pour Paris, la ſomme de
Pour Verſailles, la ſomme de
Pour Marly, S. Germain & Meudon, la ſomme de
Et pour Fontainebleau, la ſomme de

Une fiche de ſix pouces, à raiſon de

Pour Paris, la somme de

Pour Versailles, la somme de

Pour Marly, Saint Germain & Meudon, la somme de

Et pour Fontainebleau, la somme de

Une de cinq pouces, à raison de

Pour Paris, la somme de

Pour Versailles, la somme de

Pour Marly, Saint Germain & Meudon, la somme de

Et pour Fontainebleau, la somme de

Une de quatre pouces, à raison de

Pour Paris, la somme de

Pour Versailles, la somme de

Pour Marly, S. Germain & Meudon, la somme de

Et pour Fontainebleau, la somme de

Une de trois pouces, à raison de

Pour Paris, la somme de

Pour Versailles, la somme de

Pour Marly, S. Germain & Meudon, la somme de

Et pour Fontainebleau, la somme de

Les fiches à doubles nœuds de brisures.

Une fiche de six pouces, à raison de

Pour Paris, la somme de

Pour Versailles, la somme de

Pour Marly, Saint Germain & Meudon, la somme de

Et pour Fontainebleau, la somme de

1722 Une de cinq pouces, à raison de 1721

1# 5s Pour Paris, la somme de 1# bon
Pour Versailles, la somme de
Pour Marly, S. Germain & Meudon, la somme de
Et pour Fontainebleau, la somme de

Une de quatre pouces, à raison de

18s Pour Paris, la somme de 18s bon
Pour Versailles, la somme de
Pour Marly, S. Germain & Meudon, la somme de
Et pour Fontainebleau, la somme de

Une de trois pouces, à raison de

10s Pour Paris, la somme de 8s bon
Pour Versailles, la somme de
Pour Marly, S. Germain & Meudon, la somme de
Et pour Fontainebleau, la somme de

Une de deux pouces & demi, à raison de

6s Pour Paris, la somme de [illegible] s bon
Pour Versailles, la somme de
Pour Marly, Saint Germain & Meudon, la somme de
Et pour Fontainebleau, la somme de

Les Fiches à gonds à repos avec leurs gonds, de quinze pouces de long, & à proportion.

Une fiche de six pouces, à raison de

4# 15 Pour Paris, la somme de 4# 15s bon
Pour Versailles, la somme de
Pour Marly, S. Germain & Meudon, la somme de
Et pour Fontainebleau, la somme de

Une de cinq pouces, à raiſon de

Pour Paris, la ſomme de

Pour Verſailles, la ſomme de

Pour Marly, S. Germain & Meudon, la ſomme de

Et pour Fontainebleau, la ſomme de

Une de quatre pouces, à raiſon de

Pour Paris, la ſomme de

Pour Verſailles, la ſomme de

Pour Marly, Saint Germain & Meudon, la ſomme de

Et pour Fontainebleau, la ſomme de

Une de deux à trois pouces, à raiſon de

Pour Paris, la ſomme de

Pour Verſailles, la ſomme de

Pour Marly, Saint Germain & Meudon, la ſomme de

Et pour Fontainebleau, la ſomme de

Les Verroüils, Targettes & Loqueteaux à pannaches vuidées & polies avec leurs crampons attachez aux vis.

Un de ſix pouces, à raiſon de

Pour Paris, la ſomme de

Pour Verſailles, la ſomme de

Pour Marly, Saint Germain & Meudon, la ſomme de

Et pour Fontainebleau, la ſomme de

Un de cinq pouces, à raiſon de

Pour Paris, la ſomme de

Pour Verſailles, la ſomme de

Pour Marly, Saint Germain & Meudon, la ſomme de

Et pour Fontainebleau, la ſomme de

Un de quatre pouces, à raiſon de

Pour Paris, la ſomme de

Pour Verſailles, la ſomme de

Pour Marly, S. Germain & Meudon, la ſomme de

Et pour Fontainebleau, la ſomme de

Un de deux à trois pouces, à raiſon de

Pour Paris, la ſomme de

Pour Verſailles, la ſomme de

Pour Marly, Saint Germain & Meudon, la ſomme de

Et pour Fontainebleau, la ſomme de

Un de huit pouces, juſqu'à neuf & dix, à raiſon de

Pour Paris, la ſomme de

Pour Verſailles, la ſomme de

Pour Marly, S. Germain & Meudon, la ſomme de

Et pour Fontainebleau, la ſomme de

Un d'un pied, à raiſon de

Pour Paris, la ſomme de

Pour Verſailles, la ſomme de

Pour Marly, S. Germain & Meudon, la ſomme de

Et pour Fontainebleau, la ſomme de

Les verroüils communs à reſſort, avec leurs crampons & conduits.

Un de quatre à cinq pouces, à raiſon de

Pour Paris, la ſomme de

Pour Verſailles, la ſomme de

Pour Marly, S. Germain & Meudon, la ſomme de

Et pour Fontainebleau, la ſomme de

1722 1721

Un de trois à quatre pouces, à raison de

8ˢ Pour Paris, la somme de 8ˢ bon

Pour Versailles, la somme de

Pour Marly, Saint Germain & Meudon, la somme de

Et pour Fontainebleau, la somme de

Un de six à sept pouces, à raison de

12ˢ Pour Paris, la somme de 12ˢ bon

Pour Versailles, la somme de

Pour Marly, Saint Germain & Meudon, la somme de

Et pour Fontainebleau, la somme de

Un de huit pouces, à raison de

14ˢ Pour Paris, la somme de 14ˢ bon

Pour Versailles, la somme de

Pour Marly, S. Germain & Meudon, la somme de

Et pour Fontainebleau, la somme de

Un d'un pied, à raison de

1# — Pour Paris, la somme de 1# bon

Pour Versailles, la somme de

Pour Marly, Saint Germain & Meudon, la somme de

Et pour Fontainebleau, la somme de

Un de dix-huit pouces, à raison de

1#-18ˢ Pour Paris, la somme de 1# 8ˢ bon

Pour Versailles, la somme de

Pour Marly, Saint Germain & Meudon, la somme de

Et pour Fontainebleau, la somme de

Un de deux pieds, à raison de

Pour Paris, la somme de

Pour Versailles, la somme de

Pour Marly, S. Germain & Meudon, la somme de

Et pour Fontainebleau, la somme de

Un de trois pieds, à raison de

Pour Paris, la somme de

Pour Versailles, la somme de

Pour Marly, Saint Germain & Meudon, la somme de

Et pour Fontainebleau, la somme de

Un de quatre pieds, à raison de

Pour Paris, la somme de

Pour Versailles, la somme de

Pour Marly, Saint Germain & Meudon, la somme de

Et pour Fontainebleau, la somme de

Un de cinq pieds, à raison de

Pour Paris, la somme de

Pour Versailles, la somme de

Pour Marly, Saint Germain & Meudon, la somme de

Et pour Fontainebleau, la somme de

Un de six pieds, à raison de

Pour Paris, la somme de

Pour Versailles, la somme de

Pour Marly, Saint Germain & Meudon, la somme de

Et pour Fontainebleau, la somme de

Les verroüils à ressort polis à pannaches, avec leurs crampons polis avec vis.

Un de six pouces, à raison de

Pour Paris, la ſomme de
Pour Verſailles, la ſomme de
Pour Marly, Saint Germain & Meudon, la ſomme de
Et pour Fontainebleau, la ſomme de

Un de huit pouces, à raiſon de

Pour Paris, la ſomme de
Pour Verſailles, la ſomme de
Pour Marly, Saint Germain & Meudon, la ſomme de
Et pour Fontainebleau, la ſomme de

Un de dix pouces, à raiſon de

Pour Paris, la ſomme de
Pour Verſailles, la ſomme de
Pour Marly, Saint Germain & Meudon, la ſomme de
Et pour Fontainebleau, la ſomme de

Un de douze pouces, à raiſon de

Pour Paris, la ſomme de
Pour Verſailles, la ſomme de
Pour Marly, S. Germain & Meudon, la ſomme de
Et pour Fontainebleau, la ſomme de

Un de quinze pouces, à raiſon de

Pour Paris, la ſomme de
Pour Verſailles, la ſomme de
Pour Marly, S. Germain & Meudon, la ſomme de
Et pour Fontainebleau, la ſomme de

Un de dix-huit pouces, à raiſon de

Pour Paris, la ſomme de

Pour Verſailles, la ſomme de

Pour Marly, Saint Germain & Meudon, la ſomme de

Et pour Fontainebleau, la ſomme de

Un de deux pieds, à raiſon de

Pour Paris, la ſomme de

Pour Verſailles, la ſomme de

Pour Marly, S. Germain & Meudon, la ſomme de

Et pour Fontainebleau, la ſomme de

Un de deux pieds & demi, à raiſon de

Pour Paris, la ſomme de

Pour Verſailles, la ſomme de

Pour Marly, Saint Germain & Meudon, la ſomme de

Et pour Fontainebleau, la ſomme de

Un de trois pieds, à raiſon de

Pour Paris, la ſomme de

Pour Verſailles, la ſomme de

Pour Marly, Saint Germain & Meudon, la ſomme de

Et pour Fontainebleau, la ſomme de

Un de trois pieds & demi, à raiſon de

Pour Paris, la ſomme de

Pour Verſailles, la ſomme de

Pour Marly, Saint Germain & Meudon, la ſomme de

Et pour Fontainebleau, la ſomme de

Un de quatre pieds, à raiſon de

3# 10s Pour Paris, la somme de 3# 10s bon
Pour Verſailles, la ſomme de
Pour Marly, S. Germain & Meudon, la ſomme de
Et pour Fontainebleau, la ſomme de

Un de quatre pieds & demi, à raiſon de

3. 15 Pour Paris, la ſomme de 3: ~~12~~ 15s bon
Pour Verſailles, la ſomme de
Pour Marly, Saint Germain & Meudon, la ſomme de
Et pour Fontainebleau, la ſomme de

Un de cinq pieds, à raiſon de

4# Pour Paris, la ſomme de ~~3# 7s~~ 4# bon
Pour Verſailles, la ſomme de
Pour Marly, Saint Germain & Meudon, la ſomme de
Et pour Fontainebleau, la ſomme de

Un de cinq pieds & demi, à raiſon de

4. 5 Pour Paris, la ſomme de ~~3# 16s~~ 4# 5s bon
Pour Verſailles, la ſomme de
Pour Marly, S. Germain & Meudon, la ſomme de
Et pour Fontainebleau, la ſomme de

Un de ſix pieds, à raiſon de

5 Pour Paris, la ſomme de 4# 10s bon
Pour Verſailles, la ſomme de
Pour Marly, Saint Germain & Meudon, la ſomme de
Et pour Fontainebleau, la ſomme de

Un de ſix pieds & demi, à raiſon de

Pour Paris, la ſomme de

Pour Verſailles, la ſomme de

Pour Marly, Saint Germain & Meudon, la ſomme de

Et pour Fontainebleau, la ſomme de

Un de ſept pieds, à raiſon de

Pour Paris, la ſomme de

Pour Verſailles, la ſomme de

Pour Marly, S. Germain & Meudon, la ſomme de

Et pour Fontainebleau, la ſomme de

Un de ſept pieds & demi, à raiſon de

Pour Paris, la ſomme de

Pour Verſailles, la ſomme de

Pour Marly, S. Germain & Meudon, la ſomme de

Et pour Fontainebleau, la ſomme de

Les Serrures polies à tour & demi ou pêne dormant, forées ou benardées, avec leurs gâches encloiſonnées, clous à vis & écrous.

Une de quatorze pouces, à raiſon de

Pour Paris, la ſomme de

Pour Verſailles, la ſomme de

Pour Marly, S. Germain & Meudon, la ſomme de

Et pour Fontainebleau, la ſomme de

Une de trois pouces, à raiſon de

Pour Paris, la ſomme de

Pour Verſailles, la ſomme de

Pour Marly, Saint Germain & Meudon, la ſomme de

Et pour Fontainebleau, la ſomme de

Une de deux pouces, à raiſon de

2 · 15 Pour Paris, la ſomme de 2. 15. bon

Pour Verſailles, la ſomme de

Pour Marly, S. Germain & Meudon, la ſomme de

Et pour Fontainebleau, la ſomme de

Une de cinq pouces, à raiſon de

6 5 Pour Paris, la ſomme de 6. bon

Pour Verſailles, la ſomme de

Pour Marly, Saint Germain & Meudon, la ſomme de

Et pour Fontainebleau, la ſomme de

Une de ſix pouces, à raiſon de

7 Pour Paris, la ſomme de 7. bon

Pour Verſailles, la ſomme de

Pour Marly, Saint Germain & Meudon, la ſomme de

Et pour Fontainebleau, la ſomme de

Une de ſept pouces, à raiſon de

Pour Paris, la ſomme de 7. 15. bon

Pour Verſailles, la ſomme de

Pour Marly, Saint Germain & Meudon, la ſomme de

Et pour Fontainebleau, la ſomme de

Une de huit pouces, à raiſon de

9 · 10 Pour Paris, la ſomme de 9. bon

Pour Verſailles, la ſomme de

Pour Marly, S. Germain & Meudon, la ſomme de

Et pour Fontainebleau, la ſomme de

Les Serrures pouſſées au carreau, qui ſe démontent à tour & demi ou pêne dormant, avec leurs gâches convenables, clous à vis & écrous : le tout foré & benardé, gâché, encloiſonné ou non.

Une de trois à quatre pouces, à raiſon de
Pour Paris, la ſomme de
Pour Verſailles, la ſomme de
Pour Marly, S. Germain & Meudon, la ſomme de
Et pour Fontainebleau, la ſomme de

Une de cinq pouces, à raiſon de
Pour Paris, la ſomme de
Pour Verſailles, la ſomme de
Pour Marly, Saint Germain & Meudon, la ſomme de
Et pour Fontainebleau, la ſomme de

Une de ſix pouces, à raiſon de
Pour Paris, la ſomme de
Pour Verſailles, la ſomme de
Pour Marly, S. Germain & Meudon, la ſomme de
Et pour Fontainebleau, la ſomme de

Une de ſept pouces, à raiſon de
Pour Paris, la ſomme de
Pour Verſailles, la ſomme de
Pour Marly, S. Germain & Meudon, la ſomme de
Et pour Fontainebleau, la ſomme de

Une de huit pouces, à raiſon de
Pour Paris, la ſomme de
Pour Verſailles, la ſomme de
Pour Marly, Saint Germain & Meudon, la ſomme de
Et pour Fontainebleau, la ſomme de

Une de neuf pouces, à raison de

Pour Paris, la somme de 7.

Pour Versailles, la somme de

Pour Marly, Saint Germain & Meudon, la somme de

Et pour Fontainebleau, la somme de

Les Serrures communes à tour & demi ou pêne dormant, forées ou benardées, avec leurs gâches en bois ou en plâtre.

Une de quatre pouces, à raison de

Pour Paris, la somme de 2.

Pour Versailles, la somme de

Pour Marly, S. Germain & Meudon, la somme de

Et pour Fontainebleau, la somme de

Une de trois pouces, à raison de

Pour Paris, la somme de 2.

Pour Versailles, la somme de

Pour Marly, Saint Germain & Meudon, la somme de

Et pour Fontainebleau, la somme de

Une de cinq pouces, à raison de

Pour Paris, la somme de 3.

Pour Versailles, la somme de

Pour Marly, S. Germain & Meudon, la somme de

Et pour Fontainebleau, la somme de

Une de six pouces, à raison de

Pour Paris, la somme de 4.

Pour Versailles, la somme de

Pour Marly, Saint Germain & Meudon, la somme de

Et pour Fontainebleau, la somme de

1722 1721

Une de ſept pouces, à raiſon de

5 - 10ſ Pour Paris, la ſomme de 5:tt ba

Pour Verſailles, la ſomme de

Pour Marly, Saint Germain & Meudon, la ſomme de

Et pour Fontainebleau, la ſomme de

Une de huit pouces, à raiſon de

5 - 15 Pour Paris, la ſomme de 5:tt 10:ſ ba

Pour Verſailles, la ſomme de

Pour Marly, Saint Germain & Meudon, la ſomme de

Et pour Fontainebleau, la ſomme de

Une de neuf pouces, à raiſon de

6tt 10ſ Pour Paris, la ſomme de 6:tt ba

Pour Verſailles, la ſomme de

Pour Marly, Saint Germain & Meudon, la ſomme de

Et pour Fontainebleau, la ſomme de

Une de dix pouces, à raiſon de

8tt Pour Paris, la ſomme de 7:tt 10:ſ ba

Pour Verſailles, la ſomme de

Pour Marly, Saint Germain & Meudon, la ſomme de

Et pour Fontainebleau, la ſomme de

Une d'onze pouces, à raiſon de

8 - 15 Pour Paris, la ſomme de 8:tt 10:ſ ba

Pour Verſailles, la ſomme de

Pour Marly, Saint Germain & Meudon, la ſomme de

Et pour Fontainebleau, la ſomme de

Une d'un pied, à raison de

Pour Paris, la somme de 9: 10: ba

Pour Versailles, la somme de

Pour Marly, S. Germain & Meudon, la somme de

Et pour Fontainebleau, la somme de

Une Serrure à bosse avec son verroüil garnie de vertevelle, à raison de

Pour Paris, la somme de 2: 5: ba

Pour Versailles, la somme de

Pour Marly, S. Germain & Meudon, la somme de

Et pour Fontainebleau, la somme de

Une Serrure à cadenas avec son moraillon, à raison de

Pour Paris, la somme de ~~2: 15:~~ 4 ba

Pour Versailles, la somme de

Pour Marly, Saint Germain & Meudon, la somme de

Et pour Fontainebleau, la somme de

Une Serrure à pêne dormant en S, de six pouces de longueur, portant son demi-tour, à raison de

Pour Paris, la somme de 14: ba

Pour Versailles, la somme de

Pour Marly, S. Germain & Meudon, la somme de

Et pour Fontainebleau, la somme de

Une de sept pouces, à raison de

Pour Paris, la somme de 15: ba

Pour Versailles, la somme de

Pour Marly, Saint Germain & Meudon, la somme de

Et pour Fontainebleau, la somme de

1722 Une de huit pouces, à raison de 1721

16# Pour Paris, la somme de 15# ba

Pour Versailles, la somme de

Pour Marly, Saint Germain & Meudon, la somme de

Et pour Fontainebleau, la somme de

Une de neuf pouces, à raison de

16# Pour Paris, la somme de 16# ba

Pour Versailles, la somme de

Pour Marly, S. Germain & Meudon, la somme de

Et pour Fontainebleau, la somme de

Une de dix pouces, à raison de

16# Pour Paris, la somme de 16# ba

Pour Versailles, la somme de

Pour Marly, Saint Germain & Meudon, la somme de

Et pour Fontainebleau, la somme de

Une Serrure à pêne fourchu de huit à neuf pouces, avec un demi tour, forée dedans & dehors, & polie, à raison de

22# Pour Paris, la somme de ~~16#~~ 20# ba

Pour Versailles, la somme de

Pour Marly, S. Germain & Meudon, la somme de

Et pour Fontainebleau, la somme de

Et sans demi tour, à raison de

18# Pour Paris, la somme de 16# ba

Pour Versailles, la somme de

Pour Marly, Saint Germain & Meudon, la somme de

Et pour Fontainebleau, la somme de

Une desdites Serrures comme dessus, à pignon portant

haut & bas, chacun de quatre pouces ou environ, garnie de leur baze & moulure, à raison de

Pour Paris, la somme de

Pour Versailles, la somme de

Pour Marly, Saint Germain & Meudon, la somme de

Et pour Fontainebleau, la somme de

Une desdites Serrures comme dessus avec verroüils à pignon, & autres verroüils dans la gâche, à raison de

Pour Paris, la somme de

Pour Versailles, la somme de

Pour Marly, Saint Germain & Meudon, la somme de

Et pour Fontainebleau, la somme de

Une Serrure à deux entrées de neuf pouces, avec passe-par-tout & clef particuliere, le tout poli, à raison de

Pour Paris, la somme de

Pour Versailles, la somme de

Pour Marly, Saint Germain & Meudon, la somme de

Et pour Fontainebleau, la somme de

Les Loquets avec leurs battans, crampons & mantonnets.

Un Loquet poli avec un bouton & une boucle, à raison de

Pour Paris, la somme de

Pour Versailles, la somme de

Pour Marly, S. Germain & Meudon, la somme de

Et pour Fontainebleau, la somme de

Un à main commun, à raison de

Pour Paris, la somme de

Pour Versailles, la somme de

Pour Marly, Saint Germain & Meudon, la somme de

Et pour Fontainebleau, la somme de

Un à poussié, à raison de

Pour Paris, la somme de

Pour Versailles, la somme de

Pour Marly, S. Germain & Meudon, la somme de

Et pour Fontainebleau, la somme de

Un à ferrure, à raison de

Pour Paris, la somme de

Pour Versailles, la somme de

Pour Marly, S. Germain & Meudon, la somme de

Et pour Fontainebleau, la somme de

Les Pantures avec leurs gonds & clous rivez.

Une de deux pieds, à raison de

Pour Paris, la somme de

Pour Versailles, la somme de

Pour Marly, Saint Germain & Meudon, la somme de

Et pour Fontainebleau, la somme de

Une de vingt pouces, à raison de

Pour Paris, la somme de

Pour Versailles, la somme de

Pour Marly, S. Germain & Meudon, la somme de

Et pour Fontainebleau, la somme de

Une de dix-huit pouces, à raison de

Pour Paris, la somme de

Pour Versailles, la somme de

Pour Marly, Saint Germain & Meudon, la somme de

Et pour Fontainebleau, la somme de

Une de quinze pouces, à raiſon de

Pour Paris, la ſomme de

Pour Verſailles, la ſomme de

Pour Marly, Saint Germain & Meudon, la ſomme de

Et pour Fontainebleau, la ſomme de

Une de douze pouces, à raiſon de

Pour Paris, la ſomme de

Pour Verſailles, la ſomme de

Pour Marly, S. Germain & Meudon, la ſomme de

Et pour Fontainebleau, la ſomme de

Une de huit pouces, à raiſon de

Pour Paris, la ſomme de

Pour Verſailles, la ſomme de

Pour Marly, Saint Germain & Meudon, la ſomme de

Et pour Fontainebleau, la ſomme de

Pour celles qui ſeront au-deſſus de deux pieds ſeront peſées & payées à la livre, à raiſon de cinq ſols chacune.

Une panture à croiſſant à fleuron, à raiſon de

Pour Paris, la ſomme de

Pour Verſailles, la ſomme de

Pour Marly, Saint Germain & Meudon, la ſomme de

Et pour Fontainebleau, la ſomme de

Une en eſſe de ſix pouces, à raiſon de

Pour Paris, la ſomme de

Pour Verſailles, la ſomme de

Pour Marly, Saint Germain & Meudon, la ſomme de

Et pour Fontainebleau, la ſomme de

Une de sept pouces, à raison de

Pour Paris, la somme de

Pour Versailles, la somme de

Pour Marly, Saint Germain & Meudon, la somme de

Et pour Fontainebleau, la somme de

Une de huit pouces, à raison de

Pour Paris, la somme de

Pour Versailles, la somme de

Pour Marly, S. Germain & Meudon, la somme de

Et pour Fontainebleau, la somme de

Une de neuf pouces, à raison de

Pour Paris, la somme de

Pour Versailles, la somme de

Pour Marly, Saint Germain & Meudon, la somme de

Et pour Fontainebleau, la somme de

Une de dix pouces, à raison de

Pour Paris, la somme de

Pour Versailles, la somme de

Pour Marly, S. Germain & Meudon, la somme de

Et pour Fontainebleau, la somme de

Une d'un pied, le tout avec leurs gonds, à raison de

Pour Paris, la somme de

Pour Versailles, la somme de

Pour Marly, Saint Germain & Meudon, la somme de

Et pour Fontainebleau, la somme de

Un bouton poli à filets avec sa rosette, à raison de

Pour Paris, la somme de

Pour Versailles, la somme de

Pour Marly, S. Germain & Meudon, la somme de

Et pour Fontainebleau, la somme de

Un bouton commun avec sa rosette, à raison de

Pour Paris, la somme de

Pour Versailles, la somme de

Pour Marly, Saint Germain & Meudon, la somme de

Et pour Fontainebleau, la somme de

Les Couplets.

Un de sept à huit pouces, à raison de

Pour Paris, la somme de

Pour Versailles, la somme de

Pour Marly, S. Germain & Meudon, la somme de

Et pour Fontainebleau, la somme de

Un de quatre pouces jusqu'à six pouces, à raison de

Pour Paris, la somme de

Pour Versailles, la somme de

Pour Marly, S. Germain & Meudon, la somme de

Et pour Fontainebleau, la somme de

Les Crochets avec Pitons.

Un poli depuis quatre pouces jusqu'à six pouces, à raison de

Pour Paris, la somme de

Pour Versailles, la somme de

Pour Marly, S. Germain & Meudon, la somme de

Et pour Fontainebleau, la somme de

Un commun de même pour les doubles châssis des croisées, à raison de

Pour Paris, la somme de

Pour Versailles, la somme de

Pour Marly, Saint Germain & Meudon, la somme de

Et pour Fontainebleau, la somme de

Les clefs & passe-par-tout qu'il faudra fournir aux vieilles Serrures.

Une forée ou benardée pour une serrure ordinaire, à raison de

Pour Paris, la somme de

Pour Versailles, la somme de

Pour Marly, S. Germain & Meudon, la somme de

Et pour Fontainebleau, la somme de

Une pour une grande serrure à porte cochere, à raison de

Pour Paris, la somme de

Pour Versailles, la somme de

Pour Marly, Saint Germain & Meudon, la somme de

Et pour Fontainebleau, la somme de

Une de cadenas, à raison de

Pour Paris, la somme de

Pour Versailles, la somme de

Pour Marly, S. Germain & Meudon, la somme de

Et pour Fontainebleau, la somme de

Une en esse d'armoire, à raison de

Pour Paris, la somme de

Pour Versailles, la somme de

Pour Marly, S. Germain & Meudon, la somme de

Et pour Fontainebleau, la somme de

Les Gâches.

Une encloisonnée polie de toute hauteur, à raison de

Pour Paris, la somme de

Pour Versailles, la somme de

Pour Marly, S. Germain & Meudon, la somme de

Et pour Fontainebleau, la somme de

Une poussée au carreau, à raison de

Pour Paris, la somme de

Pour Versailles, la somme de

Pour Marly, S. Germain & Meudon, la somme de

Et pour Fontainebleau, la somme de

Une en plâtre ou en bois, à raison de

Pour Paris, la somme de

Pour Versailles, la somme de

Pour Marly, Saint Germain & Meudon, la somme de

Et pour Fontainebleau, la somme de

Les entrées des Serrures.

Une polie à l'ordinaire, à raison de

Pour Paris, la somme de

Pour Versailles, la somme de

Pour Marly, S. Germain & Meudon, la somme de

Et pour Fontainebleau, la somme de

Un de relief, à raison de

Pour Paris, la somme de

Pour Versailles, la somme de

Pour Marly, S. Germain & Meudon, la somme de

Et pour Fontainebleau, la somme de

Une commune, à raiſon de

Pour Paris, la ſomme de

Pour Verſailles, la ſomme de

Pour Marly, Saint Germain & Meudon, la ſomme de

Et pour Fontainebleau, la ſomme de

Pour regarnir une ſerrure, la dépoſer & repoſer, à raiſon de

Pour Paris, la ſomme de

Pour Verſailles, la ſomme de

Pour Marly, S. Germain & Meudon, la ſomme de

Et pour Fontainebleau, la ſomme de

Une vis pour attacher une ſerrure à écrou ou en bois, à raiſon de

Pour Paris, la ſomme de

Pour Verſailles, la ſomme de

Pour Marly, Saint Germain & Meudon, la ſomme de

Et pour Fontainebleau, la ſomme de

Une vis en bois de deux pouces, à raiſon de

Pour Paris, la ſomme de

Pour Verſailles, la ſomme de

Pour Marly, Saint Germain & Meudon, la ſomme de

Et pour Fontainebleau, la ſomme de

Une vis de deux pouces & demi juſqu'à trois, à raiſon de

Pour Paris, la ſomme de

Pour Verſailles, la ſomme de

Pour Marly, Saint Germain & Meudon, la ſomme de

Et pour Fontainebleau, la ſomme de

Une de trois pouces & demi juſqu'à quatre pouces, à raiſon de

Pour Paris, la somme de

Pour Versailles, la somme de

Pour Marly, Saint Germain & Meudon, la somme de

Et pour Fontainebleau, la somme de

Une de quatre pouces & demi jusqu'à cinq pouces, à raison de

Pour Paris, la somme de

Pour Versailles, la somme de

Pour Marly, Saint Germain & Meudon, la somme de

Et pour Fontainebleau, la somme de

Une de cinq pouces & demi jusqu'à six pouces, à raison de

Pour Paris, la somme de

Pour Versailles, la somme de

Pour Marly, S. Germain & Meudon, la somme de

Et pour Fontainebleau, la somme de

Une targette ou locteau à croissant commune pour les croisées & les crampons étamées, à raison de

Pour Paris, la somme de

Pour Versailles, la somme de

Pour Marly, S. Germain & Meudon, la somme de

Et pour Fontainebleau, la somme de

Une targette ou verroüil commun pour mettre derriere les portes avec leurs crampons, à raison de

Pour Paris, la somme de

Pour Versailles, la somme de

Pour Marly, Saint Germain & Meudon, la somme de

Et pour Fontainebleau, la somme de

1722 1721

Pour le cent pesant de Contre-cœurs, à raison de

12# 10s Pour Paris, la somme de ~~6# 10s~~ 12# 10s bar

Pour Versailles, la somme de

Pour Marly, Saint Germain & Meudon, la somme de

Et pour Fontainebleau, la somme de

Les Verroüils & Loqueteaux communs.

Un de six pouces, à raison de

18s Pour Paris, la somme de ~~16s~~ 18s bar

Pour Versailles, la somme de

Pour Marly, Saint Germain & Meudon, la somme de

Et pour Fontainebleau, la somme de

Un de cinq pouces, à raison de

15s Pour Paris, la somme de 12s bar

Pour Versailles, la somme de

Pour Marly, Saint Germain & Meudon, la somme de

Et pour Fontainebleau, la somme de

Un de quatre pouces, à raison de

12 Pour Paris, la somme de 10s bar

Pour Versailles, la somme de

Pour Marly, Saint Germain & Meudon, la somme de

Et pour Fontainebleau, la somme de

Une espagnolette de six pieds de longueur, de huit à neuf lignes de grosseur, garnie de deux mouvemens, cinq conduits, baze & moulure, une poignée à agraphe, & toute sa garniture, le tout poli, à raison de

Pour Paris, la somme de

Pour Versailles, la somme de

Pour Marly, Saint Germain & Meudon, la somme de

Et pour Fontainebleau, la somme de

Celles de sept pieds & demi, à raison de

Pour Paris, la somme de

Pour Versailles, la somme de

Pour Marly, Saint Germain & Meudon, la somme de

Et pour Fontainebleau, la somme de

Celles de neuf pieds avec trois mouvemens, à raison de

Pour Paris, la somme de

Pour Versailles, la somme de

Pour Marly, Saint Germain & Meudon, la somme de

Et pour Fontainebleau, la somme de

Celles pour les Croisées de dix à onze pieds de hauteur, garnies de quatre mouvemens, à raison de

Pour Paris, la somme de

Pour Versailles, la somme de

Pour Marly, S. Germain & Meudon, la somme de

Et pour Fontainebleau, la somme de

Celles pour les Portes croisées de menu façon, avec un verroüil par bas, à raison de

Pour Paris, la somme de

Pour Versailles, la somme de

Pour Marly, S. Germain & Meudon, la somme de

Et pour Fontainebleau, la somme de

A PARIS,
De l'Imprimerie de JACQUES COLLOMBAT Imprimeur ordinaire du Roy, & des Bâtimens, Arts & Manufactures de Sa Majesté, ruë S. Jacques, au Pelican. 1721.

DEVIS
ET CONDITIONS

Des Ouvrages de Marbres & Pierres de Liais, pour les Bâtimens du Roy, & Maisons Royales; tant à Paris, Versailles, Marly, Meudon, que Saint Germain en Laye, & Fontainebleau, & autres Bâtimens en dépendans; dressé, suivant les ordres de Monseigneur LE DUC D'ANTIN, Pair de France, &c. Surintendant & Ordonnateur general des Bâtimens, Jardins, Arts & Manufactures de Sa Majesté, par Monsieur DE COTTE Chevalier de l'Ordre de S. Michel, Conseiller du Roy, premier Architecte & Intendant desdits Bâtimens de Sa Majesté.

PREMIEREMENT.

Eront faits les Piedestaux dans les Jardins & Appartemens, Bancs, Tables, Bordures de Bassins, Revêtemens, Tablettes, Socles, Nappes de Cascades, Chambranles de cheminées droits, cintrez, bombez ou à oreilles, avec leurs Tablettes & Revêtemens, autres Chambranles de Portes & Croisées, le tout avec leurs ornemens d'Architectures, pavez de Pierre de Liais à huit pans, remplis de petits pavez de Marbre noir ou de pierre de Camp, & pierres de Liais pour porter les foyers de Marbres.

Les Marbres de toutes sortes de qualitez seront fournis par le Roy, & pris dans ses Magazins. L'Entrepreneur les fera scier & debiter à ses dépens, pour être ensuite travaillez & taillez tres-proprement. Les Architectures qui seront poussées dans les Marbres seront à vives arrêtes, & conformement aux profils qui en seront donnez, le tout poli proprement, & voiturées par l'Entrepreneur dans les endroits marquez, & ensuite posez, observant que les joints des lits & les joints montans soient les plus petits que faire se pourra, & seront faits les Encastremens, entailles & trous necessaires dans les Marbres, pour les scellemens des Crampons, Pattes & Goujons.

Les Pierres de Liais qui seront employées pour les Pierres au-dessous des Foyers & pour les Pavez de Liais, seront fournies par l'Entrepreneur, & proviendront des Carrieres du Fauxbourg S. Germain ou autres endroits, sans fils ni moyes, & ébouzinées jusqu'au vif & dur desdites Pierres; lesdits Pavez taillez à huit pans, de neuf, dix, onze à douze pouces quarrez, d'un pouce à quinze lignes d'épaisseur, écarris par les joints & posez en plâtre; observant comme dessus, que les joints soient les plus petits que faire se pourra, remplis ensuite dans les pans de petit pavé de pierres de Camp, qui seront fournies par l'Entrepreneur, ou de petits pavez de marbres qui seront fournis par le Roy, ou par l'Entrepreneur.

Les Pierres de Liais pour porter les foyers de marbres, seront d'un pouce & demi à deux pouces d'épaisseur, suivant la longueur & largeur des foyers.

Tous lesquels Ouvrages seront bien & duëment faits suivant l'Art. L'Entrepreneur fera les sciages des marbres, fournira Plâtres, Mastics, peines d'Ouvriers, Utensiles, Voitures pour porter les Marbres dans les endroits destinez, & toutes choses generalement quelconques necessaires pour rendre les Ouvrages dans leur entiere perfection, à l'exception des Marbres qui seront fournis par le Roy, & toisez aux Uz & Coûtumes de Paris, moyennant les prix & sommes ci-aprés déclarez.

SCAVOIR,

Pour chacun pied de superficie de Tailles de paremens unis & d'Architecture,

Pour Paris, la somme de 2 [illegible]

Pour Versailles, la somme de

Pour Marly, S. Germain & Meudon, la somme de

Et pour Fontainebleau, la somme de

Pour chacun pied de superficie de tailles de paremens unis, cintrez & d'Architectures, aussi cintrez, avec consolles socles angles

Pour Paris, la somme de 3 bon

Pour Versailles, la somme de

Pour Marly, S. Germain & Meudon, la somme de

Et pour Fontainebleau, la somme de

Pour chacune toise de Pavez de pierre de Liais, taillez à huit pans, y compris le petit pavé de pierre de Camp, le tout fourni par l'Entrepreneur,

Pour Paris, la somme de 35l. bon

Pour Versailles, la somme de

Pour Marly, S. Germain & Meudon, la somme de

Et pour Fontainebleau, la somme de

Pour chacune toise de pareils pavez de pierres de Liais, taillez à huit pans fournis par l'Entrepreneur, & remplis de petits pavez de Marbres noirs dans les pans, taillez par ledit Entrepreneur & fournis par le Roy,

Pour Paris, la somme de ~~33.~~ 40# bon

Pour Versailles, la somme de

Pour Marly, Saint Germain & Meudon, la somme de

Et pour Fontainebleau, la somme de

Pour chacune toise de pareils pavez de Liais, remplis de petits pavez de Marbres noirs dans les pans, le tout fourni par l'Entrepreneur,

Pour Paris, la somme de ~~38.~~ 45# bon

Pour Versailles, la somme de

Pour Marly, S. Germain & Meudon, la somme de

Et pour Fontainebleau, la somme de

Pour chacune toise de pareils pavez vieux déposez & reposez,

Pour Paris, la somme de ~~8~~ 9# - bon

Pour Versailles, la somme de

Pour Marly, S. Germain & Meudon, la somme de

Et pour Fontainebleau, la somme de

Pour chacune toise superficielle de pavez de Marbres blancs & noirs, de dix à douze pouces quarrez, de neuf lignes d'épaisseur avec bandes de marbre noir au pourtour des murs, le tout fourni par l'Entrepreneur dans les Maisons Royales,

Pour Paris, la somme de ~~80~~ 150# bon

Pour Versailles, la somme de

Pour Marly, Saint Germain & Meudon, la somme de

Et pour Fontainebleau, la somme de

Pour chacune toise superficielle de pareils pavez, les Carreaux blancs fournis par l'Entrepreneur, & ceux de couleurs pour faire les Carreaux & bandes fournies par le Roy; le tout débité, écarri, poli & posé proprement,

Pour Paris, la somme de ~~75~~ 140# - bon

Pour Versailles, la somme de

Pour Marly, Saint Germain & Meudon, la somme de

Et pour Fontainebleau, la somme de

Pour chacune toise superficielle de pareil pavé, dont les marbres seront fournis par le Roy,

Pour Paris, la somme de ~~70~~ 45#

Pour Versailles, la somme de

Pour Marly, Saint Germain & Meudon, la somme de

Et pour Fontainebleau, la somme de

Pour chacune toise de pavez de marbres blancs & noirs vieux, déposez & reposez,

Pour Paris, la ſomme de ~~9~~ ~~10~~ 11# bon

Pour Verſailles, la ſomme de

Pour Marly, S. Germain & Meudon, la ſomme de

Et pour Fontainebleau, la ſomme de

Pour chacune toiſe ſuperficielle de fournitures & façons de pierres de Liais, pour porter les foyers des Chambranles de cheminées de marbres,

Pour Paris, la ſomme de ~~25~~ 24# bon

Pour Verſailles, la ſomme de

Pour Marly, Saint Germain & Meudon, la ſomme de

Et pour Fontainebleau, la ſomme de

Pour chacun pied de ſciage de marbres de toutes ſortes de qualitez, pour les Tranches qui demeureront dans les Magaſins du Roy, & pour les deſſous de Tables & Bancs qui ne ſeront pas polis,

Pour Paris, la ſomme de ~~15~~ 1# 5s

Pour Verſailles, la ſomme de

Pour Marly, Saint Germain & Meudon, la ſomme de

Et pour Fontainebleau, la ſomme de

Pour chacun pied de ſuperficie de Tailles cintrées ſur le plan & ſur l'élevation pour les cheminées particulieres, dont ſera fait model, avec Conſolles, Enroullemens, Canaux, Flutes, Bazes & Tablettes chantournées, compris foyers, revêtemens, corps, arriere-corps, & l'architecture,

Pour Paris, la ſomme de 6# bon

Pour Verſailles, la ſomme de

Pour Marly, S. Germain & Meudon, la ſomme de

Et pour Fontainebleau, la ſomme de

[illegible handwritten note] Daubin

A PARIS,
De l'Imprimerie de JACQUES COLLOMBAT Imprimeur ordinaire du Roy, & des Bâtimens, Arts & Manufactures de Sa Majesté, ruë S. Jacques, au Pelican. 1721.

DEVIS
ET CONDITIONS

Des Ouvrages de Vitrerie qu'il conviendra faire aux Bâtimens du Roy & Maisons Royales ; tant à Paris, Versailles, Marly, Meudon, que Saint Germain en Laye, & Fontainebleau, & autres Bâtimens en dépendans ; dressé, suivant les ordres de Monseigneur LE DUC D'ANTIN, Pair de France, &c. Surintendant & Ordonnateur general des Bâtimens, Jardins, Arts & Manufactures de Sa Majesté, par Monsieur DE COTTE Chevalier de l'Ordre de S. Michel, Conseiller du Roy, premier Architecte & Intendant desdits Bâtimens de Sa Majesté.

PREMIEREMENT.

LES Verres, tant communs que blancs, qui seront employez, seront des beaux Verres de France, clairs, nets, sans boüillons ni boudines.

Les Plombs qui seront employez pour les assemblages des Panneaux, auront au moins cinq lignes de largeur à cœur fort, bien assemblez, suivant les formes desdits Panneaux, soudez en tous leurs assemblages, & garnis de liens & d'attaches suffisantes pour les retenir aux Verges des Vîtres.

Les autres Plombs qui seront employez au pourtour des Carreaux des Châssis, seront de trois à quatre lignes de largeur.

Les Verges de Fer qui seront employées ausdits Panneaux, seront d'un Fer doux de quatre à cinq lignes de large sur deux lignes d'épaisseur, avec pattes à chaque bout pour les attacher avec pointes, & seront lesdites Verges des longueurs necessaires & convenables ausdits panneaux, fournies par les Vitriers.

Les Carreaux de Verres de France ou de Verres blancs qui seront employez aux Châssis, soit en plomb ou en papier, seront des grandeurs necessaires, proprement posez avec quatre pointes.

Les Panneaux de Verres seront des qualitez expliquées ci-dessus, & des façons qui seront reglées, soit en pieces quarrées, bornes ou lozanges, proprement mis en mesures, & attachez dans les feüillures des Châssis à Verre, avec pointes au droit de toutes les traverses des assemblages des plombs desdits panneaux.

Les Panneaux des Verres qui seront remis en plomb, seront aussi faits des façons expliquées ci-dessus, garnis de liens, attaches & pointes, & sera mis des pieces neuves à la place de celles qui se trouveront cassées.

Les Panneaux qui seront relevez pour les relaver & nettoyer, seront ressoudez & reposez en place avec les liens de plomb neufs où il en manquera.

Les doubles Châssis pour servir aux Orangeries & autres lieux, seront de papier colé & huilé des deux côtez, & bien tendus.

Tous lesquels Ouvrages seront bien & duëment faits suivant l'Art. L'Entrepreneur fournira Verres, plombs, coles, pointes, papier, Huiles, peines d'Ouvriers, & toutes choses generalement quelconques, pour rendre les Ouvrages dans leur derniere perfection, moyennant les prix ci-aprés declarez.

SCAVOIR,

Pour chacun pied de superficie des Carreaux de tous les Verres de France communs, des qualitez & façons expliquées ci-dessus, jusqu'à douze pouces quarrez, posez & attachez en place avec les pointes necessaires, soit en plomb ou en papier,

Pour Paris, la somme de ~~12~~ 13 s l.

Pour Versailles, la somme de

Pour Marly, S. Germain & Meudon, la somme de

Et pour Fontainebleau, la somme de

Pour chacun pied de superficie des Carreaux qui excederont douze pouces quarrez,

Pour Paris, la ſomme de ~~[illegible]~~ 13ˢ bon

Pour Verſailles, la ſomme de

Pour Marly, S. Germain & Meudon, la ſomme de

Et pour Fontainebleau, la ſomme de

Pour chacun pied de Carreaux de Verres blancs, juſqu'à un pied quarré, poſez & attachez comme deſſus,

Pour Paris, la ſomme de 2# 5ˢ bon

Pour Verſailles, la ſomme de

Pour Marly, Saint Germain & Meudon, la ſomme de

Et pour Fontainebleau, la ſomme de

Pour chacun pied de ſuperficie de Carreaux de pareils Verres blancs qui excederont douze pouces quarrez,

Pour Paris, la ſomme de 2# 5ˢ bon

Pour Verſailles, la ſomme de

Pour Marly, Saint Germain & Meudon, la ſomme de

Et pour Fontainebleau, la ſomme de

Tous les Carreaux de Verres blancs ou communs qui ſeront mis à la place de ceux qui ſeront caſſez, ſeront paſſez au même prix que ci-deſſus.

Pour chacun pied de Panneaux remis en plomb,

Pour Paris, la ſomme de 6ˢ bon

Pour Verſailles, la ſomme de

Pour Marly, S. Germain & Meudon, la ſomme de

Et pour Fontainebleau, la ſomme de

Pour chacun pied de Verges de Vîtres,

Pour Paris, la ſomme de 3ˢ bon

Pour Verſailles, la ſomme de

Pour Marly, Saint Germain & Meudon, la ſomme de

Et pour Fontainebleau, la ſomme de

Pour chacune piece commune & autres qui conviendront à mettre aufdits Panneaux à la place de celles qui feront caffées,

Pour Paris, la fomme de 1 s 3 d bau

Pour Verfailles, la fomme de

Pour Marly, Saint Germain & Meudon, la fomme de

Et pour Fontainebleau, la fomme de

Pour chacun Panneaux, tant grand que petit, relevé, reffoudé, nettoyé & remis en place, & fournir les liens neceffaires,

Pour Paris, la fomme de 4 s bau

Pour Verfailles, la fomme de

Pour Marly, S. Germain & Meudon, la fomme de

Et pour Fontainebleau, la fomme de

Pour chacun Carreau levé, nettoyé, collé & contre-collé,

Pour Paris, la fomme de 1 s 6 d bau

Pour Verfailles, la fomme de

Pour Marly, Saint Germain & Meudon, la fomme de

Et pour Fontainebleau, la fomme de

Pour chacun Carreau levé, nettoyé & collé,

Pour Paris, la fomme de 1 s 3 d bau

Pour Verfailles, la fomme de

Pour Marly, Saint Germain & Meudon, la fomme de

Et pour Fontainebleau, la fomme de

Pour chacun Carreau nettoyé en place & contre-collé,

Pour Paris, la fomme de 1 s bau

Pour Verfailles, la fomme de

Pour Marly, Saint Germain & Meudon, la fomme de

Et pour Fontainebleau, la fomme de

Pour chacun Carreau nettoyé en place, fans être collé ni contre-collé,

Pour Paris, la somme de 6 d. bar

Pour Versailles, la somme de

Pour Marly, Saint Germain & Meudon, la somme de

Et pour Fontainebleau, la somme de

Pour les Carreaux qui sont en papier & que l'on veut remettre en plomb, jusqu'à douze pouces en quarré,

Pour Paris, la somme de 1 s. 3 d. bar

Pour Versailles, la somme de

Pour Marly, S. Germain & Meudon, la somme de

Et pour Fontainebleau, la somme de

Et ceux qui excederont douze pouces,

Pour Paris, la somme de

Pour Versailles, la somme de

Pour Marly, S. Germain & Meudon, la somme de

Et pour Fontainebleau, la somme de

Pour chacune livre de mastic pour matousler les Vitreaux de la Chapelle, les Carreaux du comble du grand Escalier de Versailles & autres endroits, y compris l'employ,

Pour Paris, la somme de 1 s. 5 d. bar

Pour Versailles, la somme de

Pour Marly, Saint Germain & Meudon, la somme de

Et pour Fontainebleau, la somme de

Pour chacun des doubles châssis des grands Appartemens des aîles du Château de Versailles, à déposer au Printemps, les porter au Magasin, les nettoyer & contre-coller, les reprendre audit Magasin à l'Automne pour les reporter & mettre en place,

Pour Paris, la somme de 30 s. bar

Pour Versailles, la somme de

Pour Marly, Saint Germain & Meudon, la somme de

Et pour Fontainebleau, la somme de

Les autres doubles Châssis, tant de l'Appartement de Monseigneur, Oratoire de Madame de Bourgogne, & autres endroits, seront payez à proportion. 1 #.

Pour chacun pied de Verres de démolition, donnez en compte à l'Entrepreneur,

Pour Paris, la somme de ~~4 f.~~ 7 f. 6 d.

Pour Versailles, la somme de

Pour Marly, Saint Germain & Meudon, la somme de

Et pour Fontainebleau, la somme de

Et à l'égard des pieces communes de démolition, elles seront données par compte aux Entrepreneurs, qui en tiendront compte pour chacun cent,

Pour Paris, la somme de ~~30~~ 2 # 10 f.

Pour Versailles, la somme de

Pour Marly, Saint Germain & Meudon, la somme de

Et pour Fontainebleau, la somme de

adjugé à Gombault le [illegible] janvier et Jacques [illegible] Daubon

A PARIS,
De l'Imprimerie de JACQUES COLLOMBAT Imprimeur ordinaire du Roy, & des Bâtimens, Arts & Manufactures de Sa Majesté, ruë S. Jacques, au Pelican. 1721.

DEVIS
ET CONDITIONS

Des Ouvrages de Plomberie à faire dans les Bâtimens des Maisons Royales ; tant à Paris, Versailles, Marly, Meudon ; que Saint Germain en Laye, & Fontainebleau, & autres Bâtimens en dépendans ; dressé, suivant les ordres de Monseigneur LE DUC D'ANTIN, Pair de France, &c. Surintendant & Ordonnateur general des Bâtimens, Jardins, Arts & Manufactures de Sa Majesté, par Monsieur DE COTTE Chevalier de l'Ordre de S. Michel, Conseiller du Roy, premier Architecte & Intendant desdits Bâtimens de Sa Majesté.

PREMIEREMENT.

TOUS les Plombs qui seront employez, seront fournis par le Roy à l'Entrepreneur, qui les recevra dans les Magasins où ils sont en provision, ou sur les Ports, & s'en chargera pour les fondre, façonner, voiturer & poser en place, des formes & façons qu'il conviendra, comme il sera dit ci-après.

Seront faites les Fontes des Tables desdits Plombs de toutes les largeurs necessaires pour chacune espece des Ouvrages, en telles égalitez d'épaisseurs, que le pied quarré desdits plombs ne pese que les poids qui en suivent.

Sçavoir, les Plombs des enfaîtemens des combles, Enfustres, Bourseaux, Pannes de brin, des Noües, Noquets, arrêtiers, revêtemens & recouvremens de Lucarnes & Frontons d'icelles, Bavettes & Cuvettes neuves, à dix livres le pied quarré.

Les Plombs des Chaîneaux & Goutieres, onze à douze livres le pied quarré.

A l'égard des descentes de plombs & terrasses, elles peseront jusqu'à treize & quatorze livres.

Tous les poids desdits Plombs seront pris sur les longueurs & largeurs que chaque espece se trouvera avoir en œuvre, sans avoir égard aux Coupures, dont il ne sera tenu aucun compte à l'Entrepreneur, & à raison des poids ci-dessus declarez, pour chacun pied quarré de chacune espece desdits Ouvrages, & non autrement.

Les Plombs des Reservoirs seront des épaisseurs & poids qui seront ordonnez à l'Entrepreneur.

Les Tuyaux de Fontaines cousus & soudez en leur longueur avec nœuds de soudures en leurs abouts l'un à l'autre, seront aussi des épaisseurs & poids qui seront ordonnez.

Les autres Tuyaux de plombs qui seront sans cousures avec pareils nœuds de soudures en leurs abouts l'un à l'autre, seront pareillement des épaisseurs & poids qui seront ordonnez.

Toutes les Soudures qui seront employées à tous lesdits Ouvrages seront fournies par l'Entrepreneur, auquel elles seront pesées séparément avant d'être employées, & le poids d'icelles ajouté au poids des plombs de chacune espece d'Ouvrages où elles seront employées, pour être payées conjointement & au même prix de la façon desdits plombs.

Et à l'égard de la soudure qui sera employée dans les Ouvrages où l'Entrepreneur n'aura pas fait la fonte & façon des plombs pour souder les cousures, cuivres, raccommodages des vieux plombs, & raccommodemens sur les Tuyaux de Fer, elle luy sera payée suivant les prix qui en suivent.

Lesdits Plombs seront blanchis à l'étain aux endroits où il sera ordonné à l'Entrepreneur, sans qu'il puisse en pretendre aucune augmentation de prix.

Tous lesdits Ouvrages seront bien & duëment faits. L'Entrepreneur fournira l'Etain pour les soudures, Charbons, peines d'Ouvriers, Voitures, Utensiles, & toutes choses generalement quelconques necessaires pour l'entiere perfection desdits Ouvrages, à l'exception du plomb qui sera fourni par le Roy & pris dans les Magasins ou sur les Ports, ausquels endroits il les recevra au poids, pour les rendre façonnez de même poids, à l'exception de quatre livres par chacun millier, qui luy seront accordez pour le dechet, le tout moyennant les prix ci-après declarez.

SCAVOIR,

Pour l'employ, façon & voitures de chacun millier pesant de Plomb,

Pour Paris, la somme de ~~40~~ 50

Pour Versailles, la somme de

Pour Marly, S. Germain & Meudon, la somme de

Et pour Fontainebleau, la somme de

Pour chacune livre de soudure, qui sera employée pour souder les conduites qui n'auront pas été façonnées par l'Entrepreneur, cuivres, racommodages de vieux plombs, & racommodemens sur les Tuyaux de fer,

Pour Paris, la somme de ~~10~~ 15

Pour Versailles, la somme de

Pour Marly, S. Germain & Meudon, la somme de

Et pour Fontainebleau, la somme de

adjugé a Mr ... signé le Duc Daubin

A PARIS,
De l'Imprimerie de JACQUES COLLOMBAT Imprimeur ordinaire du Roy, & des Bâtimens, Arts & Manufactures de Sa Majesté, ruë S. Jacques, au Pelican. 1721.

DEVIS ET CONDITIONS

Des Ouvrages de Cuivre-Potins, pour les Bâtimens des Maisons Royales ; tant à Paris, Versailles, Marly, Meudon, que Saint Germain en Laye, & Fontainebleau, & autres Bâtimens en dépendans ; dressé, suivant les ordres de Monseigneur LE DUC D'ANTIN, Pair de France, &c. Surintendant & Ordonnateur general des Bâtimens, Jardins, Arts & Manufactures de Sa Majesté, par Monsieur DE COTTE Chevalier de l'Ordre de S. Michel, Conseiller du Roy, premier Architecte & Intendant desdits Bâtimens de Sa Majesté.

PREMIEREMENT.

OUS les Cuivres-Potins qui seront employez pour les Robinets, Soupapes, Ajoûtages, Crampons & Goujons pour les Marbres, seront de la meilleure qualité qui puisse se trouver.

Seront faits les Robinets de dix-huit pouces de diametre, tant aux branches qu'aux yeux, observant que le boisseau ait au moins dix-huit & vingt lignes d'épaisseur, le bout des branches six lignes, toujours en augmentant d'épaisseur jusqu'au boisseau : le tournant aura environ deux pouces & demi d'épaisseur, & le cordon au haut dudit tournant excedera le diametre du boisseau de quatre pouces, c'est-à-dire, deux pouces de chacun côté, un boudin au-dessous pour claver ledit tournant en cas de besoin; le tout pesant ensemble, avec les deux rondelles, environ cinq milliers.

Les Robinets d'un pied seront faits à proportion, des constructions des Robinets de dix-huit pouces, & peseront environ deux milliers.

Ceux de six pouces peseront environ quatre cens cinquante livres.

Ceux de quatre pouces, cent quatre-vingt livres ou environ.

Ceux de trois pouces, quatre-vingt dix livres ou environ.

Ceux de deux pouces, quarante-cinq livres ou environ.

Ceux d'un pouce & demi, trente livres on environ.

Ceux d'un pouce, huit livres ou environ.

Ceux qui sont au-dessous d'un pouce de diametre, ne se pesent point.

Les Soupapes de deux pieds de diametre seront garnies d'un Châssis, dont les bords auront environ six pouces de largeur par-dessus, d'un pouce d'épaisseur par l'extremité des bords, & deux pouces & demi d'épaisseur près l'ajoûtage, avec la croisée pour guider le piston.

Le Piston aura deux pieds un quart de diametre par le dessus, & par-dessous de deux pieds de diametre, & un pouce & demi ou environ: toute ladite Soupape garnie pesera environ deux cens livres.

Les Soupapes de dix-huit pouces de pareille construction, peseront environ trois cens cinquante livres.

Celles de quinze pouces, deux cens vingt livres ou environ.

Celles d'un pied, cent trente livres ou environ.

Celles de huit pouces, soixante livres ou environ.

Celles de six pouces, trente-cinq livres ou environ.

Celles de quatre pouces, treize livres ou environ.

Celles de trois pouces, sept livres ou environ.

Celles au-dessous ne se pesent point.

Tous lesquels Ouvrages seront bien & dûement faits suivant l'Art. L'Entrepreneur fournira la matiere, peines d'Ouvriers, & toutes choses generalement quelconques necessaires pour l'entiere perfection desdits Ouvrages, qui seront pesez, par celuy qui est commis pour le poids avant d'être posez, moyennant les prix ci-après déclarez.

SCAVOIR,

Pour chacun cent pesant de Robinets, Pistons, Soupapes, Boulons, Ajoûtages, Goujons & Crampons pour les Marbres,

Pour Paris, la ſomme de 110 ll

Pour Verſailles, la ſomme de

Pour Marly, Saint Germain & Meudon, la ſomme de

Et pour Fontainebleau, la ſomme de

Pour chacun Robinet de neuf lignes,

Pour Paris, la ſomme de 7 ll 10 s

Pour Verſailles, la ſomme de

Pour Marly, S. Germain & Meudon, la ſomme de

Et pour Fontainebleau, la ſomme de

Pour chacun Robinet de ſix lignes,

Pour Paris, la ſomme de 5 ll 10 s

Pour Verſailles, la ſomme de

Pour Marly, Saint Germain & Meudon, la ſomme de

Et pour Fontainebleau, la ſomme de

Pour chacun Robinet de quatre lignes,

Pour Paris, la ſomme de 2 ll 10 s

Pour Verſailles, la ſomme de

Pour Marly, Saint Germain & Meudon, la ſomme de

Et pour Fontainebleau, la ſomme de

Pour chacune Soupape de deux pouces,

Pour Paris, la ſomme de 5 ll

Pour Verſailles, la ſomme de

Pour Marly, Saint Germain & Meudon, la ſomme de

Et pour Fontainebleau, la ſomme de

Pour chacune Soupape d'un pouce,

Pour Paris, la somme de 3 ll

Pour Versailles, la somme de

Pour Marly, S. Germain & Meudon, la somme de

Et pour Fontainebleau, la somme de

Et lorsque la matiere aura été fournie par le Roy, il sera alloüé ausdits Entrepreneurs sept livres de matiere pour chacun cent pour le déchet, & sera payé pour façon seulement desdits Robinets, Pistons, Soupapes, Boulons, Ajoûtages, Goujons, Crampons pour les Marbres,

Pour Paris, la somme de 45 s

Pour Versailles, la somme de

Pour Marly, S. Germain & Meudon, la somme de

Et pour Fontainebleau, la somme de

A PARIS,
De l'Imprimerie de JACQUES COLLOMBAT Imprimeur ordinaire du Roy, & des Bâtimens, Arts & Manufactures de Sa Majesté, ruë S. Jacques, au Pelican. 1721.

DEVIS ET CONDITIONS

Des Ouvrages de Grosses Peintures, tant à huile qu'en détrempe, pour les Bâtimens des Maisons Royales; tant à Paris, Versailles, Marly, Meudon, que S. Germain en Laye, & Fontainebleau, & autres Bâtimens en dépendans; dressé, suivant les ordres de Monseigneur LE DUC D'ANTIN, Pair de France, &c. Surintendant & Ordonnateur general des Bâtimens, Jardins, Arts & Manufactures de Sa Majesté, par Monsieur DE COTTE Chevalier de l'Ordre de S. Michel, Conseiller du Roy, premier Architecte & Intendant desdits Bâtimens de Sa Majesté.

PREMIEREMENT.

TOUTES les Couleurs, Huiles de Noix, & drogues seront belles & de bonnes qualitez.

Impressions à Huile.

Les Impressions en blanc, à Huile seront faites avec du Blanc de Seruse d'Hollande, & de l'Huile de Noix, bien broyez & incorporez ensemble.

Pour les Bois ou Fers qui seront imprimez en verd, sera mis une couche de Blanc de Seruse à huile, & ensuite une ou plusieurs cou

M

ches de verd de Montagne & verd de Gris, ou verd de belle couleur, avec huile de Noix, bien broyez & incorporez ensemble.

Toutes les Cheminées à murs de face qui seront peints en forme de Brique seront faits avec de l'Ocre rouge & huile, bien broyez & incorporez ensemble, & les joints tirez avec blanc aussi à huile, observant les liaisons necessaires.

Toutes les autres impressions à huile, de quelques couleurs qu'elles puissent être, seront aussi faites avec huile de Noix, bien broyez & incorporez avec les couleurs.

Impressions en détrempe

Les Impressions en blanc seront faites avec du Blanc d'Espagne & de la Colle de Gand, ou du Blanc de Chaux, selon les endroits, & de la Colle, bien broyez & incorporez ensemble, & toutes les Impressions en détrempe, de quelques couleurs qu'elles puissent être, seront faites aussi avec de la Colle de Gand, bien broyée & incorporée avec les couleurs.

Vernis.

Les Bois seront encollez d'une ou deux couches, que l'on laissera sécher avant d'y mettre le Verni, qui sera fait avec de l'Esprit-de-vin.

Tous lesquels Ouvrages seront bien & dûëment faits suivant l'Art. L'Entrepreneur fournira les Couleurs, Drogues, Huiles, Colles, peines d'Ouvriers, Echafaudages, & toutes choses generalement quelconques pour l'entiere perfection d'iceux, moyennant les prix ci-après declarez.

SCAVOIR,

Impressions à Huile

Pour chacune Toise de Blanc de Seruse à une couche, la somme de ~~1. 3.~~ 1.# 15 bon

Pour chacune toise de Blanc de Seruse à deux couches, la somme de ~~1.# 15.~~ 2.# 10 bon

Pour chacune Toise de Blanc rechampy à une couche, la somme de 2: ~~8~~: bon

Pour chacune Toise de Blanc rechampy à deux couches, la somme de ~~2.# 10.~~ 1.# 5. bon

Pour chacune Toise de jaune, noir & rouge à une couche, la somme de ~~18~~ s 1# 5 s bon

Pour chacune Toise de jaune, noir & rouge à deux couches, la somme de ~~22~~ s 1# 12 s bon

Pour chacune Toise de Verd plein à une seule couche, la somme de ~~35~~ s 2# bon

Pour chacune Toise de Verd plein à deux couches, la somme de ~~50~~ s 3# 10 s bon

Pour chacune Toise de Verd à deux couches sur les Treillages à trois côtez, dont une de Blanc à une de Verd, la somme de ~~35~~ s 2# 10 s bon

Pour chacune Toise de Verd à trois couches sur les Treillages à trois côtez, dont une de blanc à deux de Verd, la somme de ~~45~~ s 3# bon

Pour chacune Toise de Verd à trois couches, tant plein sur les Portes, que sur les Treillages à quatre côtez, dont une de Blanc à trois de Verd, la somme de ~~55~~ s 3# 10 s bon

Pour chacune Toise de Briques peintes, à deux couches de rouge & briquetées de blanc, la somme de ~~50~~ s 2# 15 s bon

Impressions en détrempe

Pour chacune Toise de blanc à colle ordinaire, jaune, rouge & noir à une couche, la somme de ~~5~~ s 6 s bon

Pour chacune Toise de pareilles Impressions à deux couches, la somme de 8 s 9 bon

Pour chacune Toise de blanc de Seruse à deux couches sur la Sculpture, la somme de 15 s bon

Pour chacune Toise de blanc à quatre couches sur la Sculpture, la somme de 30 s bon

Pour chacune Toise de Verny à quatre couches, dont une de Colle & trois de Verny, avec l'Esprit-de-vin, la somme de ~~50~~ s 3#

Pour chacune Toise de Verny, avec l'Esprit-de-vin à une seule couche, la somme de ~~25~~ s 2#

Pour chacune Toiſe de Peintures en Marbre verni par-deſſus, la ſomme de 8ˡ 18ᵗᵗ bon

Et ſans être verni, la ſomme de 8ˡ 14ᵗᵗ bon

Pour chacune Toiſe de Panneaux peints, ornez de Cadres & Moulures avec verni par-deſſus, la ſomme de 5ˡ 6ᵗᵗ 10ˢ bon

Et ſans être verni, la ſomme de 3ˡ 4ᵗᵗ bon

Pour chacune Toiſe de bois veiné verni, la ſomme de 4ˡ 10ˢ bon

Et ſans verni, la ſomme de 2ˡ 10ˢ 3ᵗᵗ bon

Pour chacune Toiſe de bois veinez à huile, compris la premiere & ſeconde couche, la ſomme de 3ˡ 10ˢ 4ᵗᵗ

Pour chacune toiſe, *idem*, vernis par-deſſus, la ſomme de 5ˡ 10ˢ bon

Pour chacune Toiſe de Panneaux avec filets à Liſtelle bleuë, compris la détrempe à deux couches, la ſomme de 1ˡ 10ˢ 2ᵗᵗ 5ˢ bon

Pour chacune toiſe de couleur de bois à huile à deux couches, la ſomme de 30ˢ 2ᵗᵗ bon

Et à une couche, la ſomme de 20ˢ 1ᵗᵗ 10ˢ bon

Pour chacune toiſe couleur de bois en détrempe, à deux couches, la ſomme de 18ˢ bon

Et à une couche, la ſomme de 8ˢ bon

Pour chacune toiſe de blanc des Carmes, la ſomme de 5ˡ 6ᵗᵗ bon

arrangé après [illegible]

A PARIS,
De l'Imprimerie de JACQUES COLLOMBAT Imprimeur ordinaire du Roy, & des Bâtimens, Arts & Manufactures de Sa Majeſté, ruë S. Jacques, au Pelican. 1721.

DEVIS
ET CONDITIONS

Des Ouvrages de Dorures, tant en huile qu'en détrempe, pour les Bâtimens des Maisons Royales; tant à Paris, Versailles, Marly, Meudon, que Saint Germain en Laye, & Fontainebleau, & autres Bâtimens en dépendans; dressé, suivant les ordres de Monseigneur LE DUC D'ANTIN, Pair de France, &c. Surintendant & Ordonnateur general des Bâtimens, Jardins, Arts & Manufactures de Sa Majesté, par Monsieur DE COTTE Chevalier de l'Ordre de S. Michel, Conseiller du Roy, premier Architecte & Intendant desdits Bâtimens de Sa Majesté.

Or mat uni à couvert.

Sera mis deux couches de blanc en détrempe, bien encollez dans les parties qui seront dorées, pour empêcher que l'Or-couleur qui se mettra au-dessus desdites deux couches ne s'imbibe dans les bois, & ensuite doré d'Or le plus beau, le plus fin & le mieux battu qui pourra se trouver, conformement aux échantillons qui seront donnez.

Or mat à couvert sur la Pierre & Plâtre.

Sera mis deux couches de Blanc à huile, & une couche d'Or-

N

couleur au-dessus, & ensuite doré de pareil Or que dessus.

Or mat uni à découvert sur Bois, Fer ou Plomb.

Sera mis deux couches d'Ocre jaune à huile, bien séchées avant de mettre l'Ocre-couleur, & doré à plat, comme dessus.

Or mat repassé.

Sera mis trois Couches en détrempe, une de jaune & deux d'assiettes, & ensuite doré d'Or fin, comme dessus.

Or bruni.

Les Bois seront encollez & imprimez, de sept à huit couches de blanc en détrempe dans les parties qui doivent être dorées d'Or uni; & à l'égard des parties qui seront dorées sur la Sculpture, ne seront blanchies qu'autant qu'il sera necessaire, afin de charger le moins qu'il sera possible les ornemens, lesquels seront réparez sur les blancs lors qu'ils seront bien secs, & l'Architecture bien adoucie, avant de mettre une couche de jaune & trois couches d'assietes, tant sur l'uni bruni que sur le taillé bruni, & ensuite sera posé l'Or des qualitez & échantillons ci-dessus; observant de brunir, breteler & laisser mat ce qu'il conviendra, & mettre du vermillon où il sera necessaire.

Tous lesquels Ouvrages seront bien & dûement faits suivant l'Art. L'Entrepreneur fournira l'Or, les Couleurs à l'huile & détrempe, peines d'Ouvriers, & toutes choses generalement quelconques, pour rendre les Ouvrages dans leur entiere perfection, à l'exception des Echafaux & Bannes qui seront fournis par le Roy, moyennant les prix ci-après déclarez.

SCAVOIR,

Pour chacun pied de superficie d'Or mat uni à couvert,

Pour Paris, la somme de ~~1. 10~~ 2. 10 bon

Pour Versailles, la somme de

Pour Marly, Saint Germain & Meudon, la somme de

Et pour Fontainebleau, la somme de

Pour chacun pied d'Or mat taillé à couvert,

Pour Paris, la somme de ~~1. 16~~ 3. 10 bon

Pour Verſailles, la ſomme de

Pour Marly, Saint Germain & Meudon, la ſomme de

Et pour Fontainebleau, la ſomme de

Pour chacun pied de ſuperficie d'Or mat uni à découvert,

Pour Paris, la ſomme de ~~1. 10~~ 3# bar

Pour Verſailles, la ſomme de

Pour Marly, Saint Germain & Meudon, la ſomme de

Et pour Fontainebleau, la ſomme de

Pour chacun pied de ſuperficie d'Or mat taillé à découvert,

Pour Paris, la ſomme de ~~2. 10~~ 3# bar

Pour Verſailles, la ſomme de

Pour Marly, S. Germain & Meudon, la ſomme de

Et pour Fontainebleau, la ſomme de

Pour chacun pied de ſuperficie d'Or repaſſé uni,

Pour Paris, la ſomme de ~~2#~~ 3 5 bar

Pour Verſailles, la ſomme de

Pour Marly, S. Germain & Meudon, la ſomme de

Et pour Fontainebleau, la ſomme de

Pour chacun pied de ſuperficie d'Or repaſſé, taillé,

Pour Paris, la ſomme de ~~2. 10~~ 4# 10 bar

Pour Verſailles, la ſomme de

Pour Marly, Saint Germain & Meudon, la ſomme de

Et pour Fontainebleau, la ſomme de

Pour chacun pied de ſuperficie d'Or bruni uni, y compris les rechampiſſages,

Pour Paris, la ſomme de ~~2. 10~~ 3# 15 bar

Pour Verſailles, la ſomme de

Pour Marly, Saint Germain & Meudon, la ſomme de

Et pour Fontainebleau, la ſomme de

Pour chacun pied de superficie d'Or bruni taillé, y compris les réparages de Sculpture sur blanc,

Pour Paris, la somme de ~~4. 10.~~ 6# bar

Pour Versailles, la somme de

Pour Marly, S. Germain & Meudon, la somme de

Et pour Fontainebleau, la somme de

Pour chacun pied de superficie d'or bruni uni, dont les bois des fonds seront vernis,

Pour Paris, la somme de ~~X.~~ 4# 10s bar

Pour Versailles, la somme de

Pour Marly, Saint Germain & Meudon, la somme de

Et pour Fontainebleau, la somme de

Pour chacun pied de superficie d'Or taillé bruni, dont les bois des fonds seront vernis, y compris le réparage de la Sculpture sur blanc,

Pour Paris, la somme de ~~X.~~ 6# 10s bar

Pour Versailles, la somme de

Pour Marly, Saint Germain & Meudon, la somme de

Et pour Fontainebleau, la somme de

Pour chacune Toise superficielle de blanc adouci, tant des plafonds que des lambris,

Pour Paris, la somme de 3. bar

Pour Versailles, la somme de

Pour Marly, S. Germain & Meudon, la somme de

Et pour Fontainebleau, la somme de

adjugés a audran et dejausse

A PARIS,
De l'Imprimerie de JACQUES COLLOMBAT Imprimeur ordinaire du Roy, & des Bâtimens, Arts & Manufactures de Sa Majesté, ruë S. Jacques, au Pelican. 1721.

DEVIS ET CONDITIONS

Des Ouvrages de Pavez, pour les Bâtimens des Maisons Royales, tant à Paris, Versailles, Marly, Meudon, que Saint Germain en Laye, & Fontainebleau, & autres Bâtimens en dépendans; dressé, suivant les ordres de Monseigneur LE DUC D'ANTIN, Pair de France, &c. Surintendant & Ordonnateur general des Bâtimens, Jardins, Arts & Manufactures de Sa Majesté, par Monsieur DE COTTE Chevalier de l'Ordre de S. Michel, Conseiller du Roy, premier Architecte & Intendant desdits Bâtimens de Sa Majesté.

PREMIEREMENT.

LES Pavez qui seront employez seront de bonnes qualitez, de Roches dures, & ne pourra être employé dans tous les Ouvrages aucunes Ecailles ou Pavez de rebuts, ni de Roches tendres.

Les Bordures seront faites avec libages de Pierres dures, ou gros cailloux choisis.

Tous les Mortiers qui seront employez pour lesdits Pavez, seront composez d'un tiers de bonne Chaux, & de deux tiers de Sable ou Ciment de tuilleaux, bien broyez & incorporez ensemble.

L'Entrepreneur sera tenu de faire la forme de son Pavé; & pour cet effet sera obligé de faire la fouille jusqu'à un pied de [illegible] ou environ, tant pour l'épaisseur du pavé que pour la forme dudit pavé, & de faire porter lesdites terres aux Champs : Et à l'égard de la fouille des terres qui excedera ladite hauteur d'un pied, elle sera payée séparément à la Toise cube par estimation, suivant l'éloignement du transport.

Seront observez les Revers, Pentes & ruisseaux necessaires, dans lesquels seront posez des Caniveaux & Contre-jumelles pour former les liaisons.

Les gros Pavez qui seront employez auront huit pouces ou environ en tous sens, unis par-dessus & quarrez par les joints autant que faire se pourra, posez à sable & en bonnes liaisons, sur une forme de sable de quatre à cinq pouces d'épaisseur, garnis, s'il est besoin, de bordures de libages ou gros cailloux de quinze pouces de long, un pied de haut, de huit, neuf, dix, onze & douze pouces d'épaisseur posez sur champ. Tous lesdits Pavez dressez & battus à la hie, & sablez par-dessus pour garnir & remplir les joints, lesquels auront au plus neuf à dix lignes de largeur.

Les Pavez fendus en deux auront sept pouces quarrez ou environ & quatre pouces d'épaisseur, taillez proprement, tant par le dessus que par les joints, posez en bonnes liaisons, avec mortier de chaux & sable, sur une forme de sable de trois à quatre pouces d'épaisseur : les joints seront les plus petits que faire se pourra, & remplis à bain de mortier ; ledit pavé bien dressé par-dessus.

Les gros Pavez fendus en trois auront cinq à six pouces ou environ, & de trois à quatre pouces d'épaisseur, & de pareilles façons & constructions que le Pavé fendu en deux.

Les Pavez de moilons ou cailloux posez de champ auront un pied d'épaisseur ou environ, posez en sable & en bonnes liaisons sur une forme de quatre pouces d'épaisseur, bien dressez & battus à la hie, & sablez par dessus pour garnir & remplir les joints.

Tous les Pavez, tant neufs que vieux, qui seront construits avec mortier de chaux & ciment, seront posez sur une forme de sable, bien dressez de niveau, ou de niveau de pente, de trois à quatre pouces d'épaisseur, au-dessus de laquelle sera fait un aire de ciment de trois pouces d'épaisseur, sur lequel sera posé & assis le Pavé, & ensuite les joints seront remplis & garnis d'un couli fait avec chaux & ciment fin.

Les Pavez d'eschantillon auront cinq pouces quarrez, & trois d'épaisseur ou environ, bien unis & proprement taillez par leur parement & joints, posez avec mortier de chaux & ciment, comme il est expliqué ci-dessus.

Tous lesquels Ouvrages seront bien & dûement faits suivant l'Art, & conformement au present Devis. L'Entrepreneur fournira le Pavé, la Chaux, le Ciment, les Bordures, le Moilon & le Sable, peines d'Ouvriers, Voitures, Utensiles, & toutes choses generalement quelconques pour l'entiere perfection desdits Ouvrages, moyennant les prix ci-après declarez.

SCAVOIR,

Pour chacune Toise de gros Pavé neuf, soit avec Bordures ou sans Bordures,

Pour Paris, la somme de ~~9. 10.~~ 13# bar

Pour Versailles, la somme de

Pour Marly, Saint Germain & Meudon, la somme de

Et pour Fontainebleau, la somme de

Pour chacune Toise de gros Pavé fendu en deux, avec chaux & sable,

Pour Paris, la somme de ~~8. 5.~~ 11#. 10s bar

Pour Versailles, la somme de

Pour Marly, Saint Germain & Meudon, la somme de

Et pour Fontainebleau, la somme de

Pour chacune Toise de gros Pavé fendu en trois, avec chaux & sable,

Pour Paris, la somme de ~~7. 10.~~ 10#. bar

Pour Versailles, la somme de

Pour Marly, S. Germain & Meudon, la somme de

Et pour Fontainebleau, la somme de

Pour chacune Toise de Pavez d'échantillons, avec chaux & ciment,

Pour Paris, la somme de ~~15.~~ 18#. bar

Pour Versailles, la somme de

Pour Marly, S. Germain & Meudon, la somme de

Et pour Fontainebleau, la somme de

Pour chacune Toise de Pavé fendu en deux, avec mortier de chaux & ciment,

Pour Paris, la somme de ~~12.~~ 15#. bar

Pour Versailles, la somme de

Pour Marly, Saint Germain & Meudon, la somme de

Et pour Fontainebleau, la somme de

Pour chacune Toiſe de Pavez fendus en trois, poſez avec mortier de chaux & ciment,

Pour Paris, la ſomme de ~~10~~ 13# 10s bon

Pour Verſailles, la ſomme de

Pour Marly, Saint Germain & Meudon, la ſomme de

Et pour Fontainebleau, la ſomme de

Pour chacune Toiſe de gros Pavez vieux, relevez & poſez de pareille conſtruction & façon que le gros Pavé neuf,

Pour Paris, la ſomme de ~~1 10~~ 1# 15 bon

Pour Verſailles, la ſomme de

Pour Marly, Saint Germain & Meudon, la ſomme de

Et pour Fontainebleau, la ſomme de

Pour chacune Toiſe de Pavé neuf, de moilons ou cailloux, poſez comme il eſt ci-devant dit,

Pour Paris, la ſomme de ~~4 10~~ 3# 10s bon

Pour Verſailles, la ſomme de

Pour Marly, Saint Germain & Meudon, la ſomme de

Et pour Fontainebleau, la ſomme de

Pour chacune Toiſe quarrée de groſſes bordures neuves, au défaut de celles qui pourront manquer,

Pour Paris, la ſomme de ~~7 10~~ 9# bon

Pour Verſailles, la ſomme de

Pour Marly, S. Germain & Meudon, la ſomme de

Et pour Fontainebleau, la ſomme de

Pour chacune Toiſe de Pavez vieux fendus en deux & en trois, relevez & poſez de pareille conſtruction & façon que le pavé neuf, fendu en deux & en trois, avec chaux & ſable,

Pour Paris, la ſomme de ~~1 16~~ 2# 5s

Pour Verſailles, la ſomme de

Pour Marly, Saint Germain & Meudon, la ſomme de

Et pour Fontainebleau, la ſomme de

Pour chacune Toise de pareil pavé vieux fendu en deux & en trois, avec mortier de chaux & ciment,

Pour Paris, la somme de 5 lt 6 tt bon.

Pour Versailles, la somme de

Pour Marly, Saint Germain & Meudon, la somme de

Et pour Fontainebleau, la somme de

Pour chacune Toise de Pavez vieux, de moilons ou cailloux relevez, posez de champ, de pareille façon & construction que ledit Pavé neuf,

Pour Paris, la somme de 1 lt 5 s bon.

Pour Versailles, la somme de

Pour Marly, Saint Germain & Meudon, la somme de

Et pour Fontainebleau, la somme de

A PARIS,
De l'Imprimerie de JACQUES COLLOMBAT Imprimeur ordinaire du Roy, & des Bâtimens, Arts & Manufactures de Sa Majesté, ruë S. Jacques, au Pelican. 1721.

www.ingramcontent.com/pod-product-compliance
Lightning Source LLC
LaVergne TN
LVHW012007220826
846092LV00001B/269

* 9 7 8 2 3 2 9 7 8 8 2 4 1 *